如何成为
优秀的
室内设计师

宫恩培 著

華中科技大學出版社
http://www.hustp.com
中国·武汉

让海峡两岸人民更有福气

张福军
苹果装饰集团 联合创始人
面包 & 纽扣装饰设计工程有限公司 董事长

《如何成为优秀的室内设计师》一书是宫老师多年实战经验的真诚分享，不啻为专业领域人士和有心从事室内设计领域新人的福气。

作为在装修领域摸爬滚打十多年的老人，我有幸在本书正式出版前就得以拜读，惊叹不已，宫老师将数年来所得毫无保留地集结成册，我深感佩服，不是所有人都有这样的气度和眼界。我知道，他一直想为两岸的室内设计产业做些实事，让有心投身室内设计行业的年轻人少走弯路，更好地增强他们的专业竞争能力，从而提升业界的整体水平和实力。对宫老师的这一宏愿，我当下就表示大力支持，虽然我们已经进入分享经济时代，但真正具有分享精神的无私之人实在不多，所以我欣然答应为本书写序，向大家介绍和推荐宫老师的心血之作。

我 20 多岁就开始进入家装界打拼，2015 年开始转战商业空间领域，创立了面包 & 纽扣装饰设计工程有限公司，服务对象从业主个人变成了商业主，但业内业外接触的人还是设计师、工程人员和对生活或商业空间有要求的客户。客户发生了变化，他们的要求越来越高，选择范围也越来越大，但我们的服务人员其实大多仍未有变。就设计领域而言，有几年设计经验的设计师就开始牛气哄哄，菜鸟级的新人自然就苦哈哈地跟着转，想让这些多几年经验的“师父”多教点东西，实话说，如愿的很少，且不论他们的“师父”是否有能力以师徒制来传承所学，在如今浮躁的社会风气下，愿意倾囊相授的人自然是少之又少。

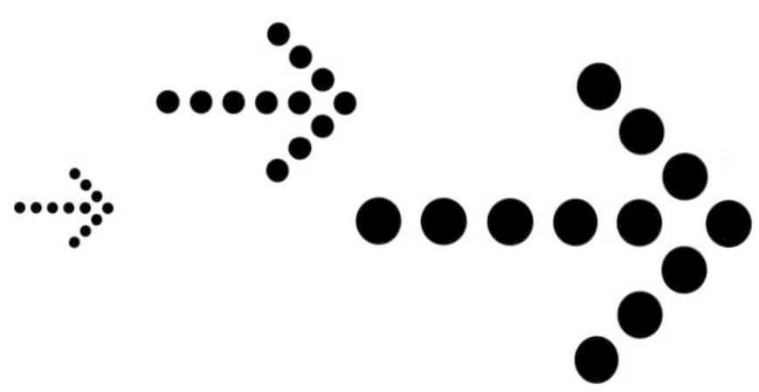

宫老师在台湾设计界享有盛名，经手的案例不计其数，专业功底和实力不在话下，所以此书的面世实是设计界人的福气。

当然，我想当然地以为让设计界的人有福气，这不是宫老师的最终目的，因为毕竟我们服务的都是客户，让客户有更优质的家居环境，有高品质的商业空间，这是设计界人的福气，也是海峡两岸人民的福气。

序言 Recommend 2

如何成为一位优秀的设计师?

韩孟岑
苹果装饰集团 联合创始人
猫舍 more+ 主理人

宫恩培是那种很少见的人，他的文字同其设计一样讲究。从参与设计台湾最著名地标台北 101 大楼、诚品书店到任职大学讲师，他一直奉“设计为信仰，以人为本”，这一理念也贯穿于他的书中。设计师完成的不仅是一个作品，更是一家人的梦想。对于同处室内装饰设计行业的我而言，感触尤为深刻。国内经济快速发展，世界多姿多彩的文化不断碰撞，对待事物的容纳度越来越高。相对家居行业而言，人们生活水平的不断提升，对空间也脱离了“原始”的居住要求，而艺术、智能、实用的设计成为首选。

从台北到长沙，从一场空间设计演讲衍生而出的缘分，我与他正结缘于此。我很欣赏他对空间体验文化的追求，把中国人对“家”的理解深植到家居空间的每个细节，不求一鸣惊人，但求耐人寻味。也欣赏他对人本情怀的眷念：空间不会改变人的感受，而空间里的所有细节融合在一起，让人深陷其中便能和空间产生互动的幸福感，这就是“设计”的魅力所在！20 多年的从业经验加上多年的大学教学，让他更加重视基础教育，重视对人最基本的启蒙，如责任、担当。而他这本书，更像是一个引子，引导设计师能够找到自己，以最专业的态度来对待室内设计，更好地学会感悟生活。

我想，设计师们对创造美好居住环境的追求是相同的。如果说苹果装饰集团多年来致力于为中国家庭提供优质的装饰服务，那么宫恩培这本书，就是为了帮助我们的设计师越来越专业系统化的

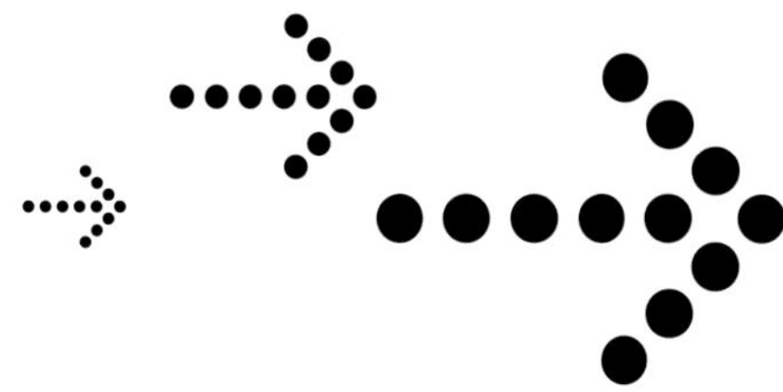

认知、思考设计。他将多年的室内设计经验整理成册，让更多设计师，在设计这条路上走得更有目标和热情。

如何成为一位优秀的设计师？答案已经呼之欲出。

序言 Recommend 3

最爱教菜鸟的设计师，才写得出的——衔接室内设计教育与职场现况的教科书

孙因

台北市室内设计装修商业同业公会 理事长

我和宫恩培老师见面总是在台北市室内设计公会里，他给我的印象是留着一头长发和满脸胡子酷酷的大男孩！他总是很安静很斯文地做一个最佳的配合者，有任务交给他，他也都很认真地执行，绝不啰唆！担任学术委员会副主委的他人缘超好！

恩培将我们设计师的工作流程整理出一套有系统，并且可以大幅提升效率的工作手册，这是每一家室内设计从业人员一直在期待的事！因为从事我们这行实在是太忙了，我们要做设计，还要监督工程是否有按着我们的理念执行，完工要验收，还要经常与我们的客户沟通、维持良好关系，才不会让业务有间断，若不是对美学和环境有高度关心和喜爱，又要有不在乎付出与收入不成正比的性格，实在很难坚持下去，时间的分配是每一位设计师最大的挑战！

很多设计公司都是一边做一边调整，慢慢地整理出自己的一套工作流程并对员工进行教育训练。学生毕业到了一家设计公司上班，也是一边做一边学习，几年后同学们相聚或在职场上竞争，你才会猛然发现学习的方法会让你的实力落差很大！

恩培这本书分成四部九章简明扼要！对刚入门的设计人员来说是很好的指引，本书可以让他们快速了解工作中需要具备的基本功，对从事室内设计业几十年的老手也是一本很好的检核工具书。

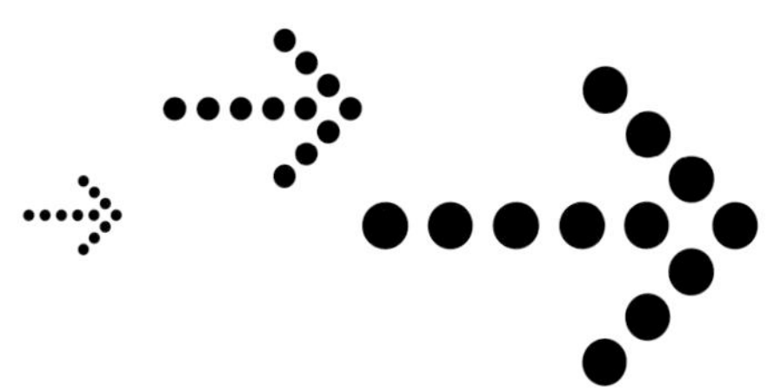

“如果早点出这样的书，我就不会这么累了！”虽然这是在半开玩笑下跟恩培说的，却是我真正的心声，因为很少有人会愿意把自己经营的心得及秘诀告诉别人，我在这个行业已经 27 年了，听得最多的是老设计师最不喜欢带菜鸟，因为教他们的时间自己早就完成几个案子了，还要回头去改新手们的错误图纸，很多人是跌跌撞撞摸索学习出来的，主管和助理都一样，要浪费很多时间去处理这些基本该懂却不懂的事，而且还无关设计和美学！

有一阵子我和许多老设计师们在一起感叹！疑惑学校老师是怎么教的？这些学生到了职场都像张白纸得从头教过？后来去学校参加教评会和课程研讨，才发现学校里教的课程和内容都很丰富很实用啊！到底是老师还是学生出了问题？这个问题无法在这里讨论。

但是宫老师的书却给了业界一道曙光！或许可以拿去学校当辅助教材，放在公司让新手入门当成一本必读的武功秘籍，让他们少走几步冤枉路，把力气省下来多多去磨炼自己的设计技巧！

期待有更多像宫老师这样有良知有使命感的人，愿意将自己的专业知识分享出来，让室内设计师更加成长茁壮！为恩培的无私喝彩，更期待他继续为室内设计学术奠基，未来能发表更多专业书刊。

祝愿中国的设计力在世界发光发亮！

指标性的参考书籍，产业变革下的专业竞争能力

谢坤学
台北市室内设计装修商业同业公会 副理事长
台湾室内装修专业技术人学会 第三届理事长

刚刚到北京出差就接到恩培兄的电话，得知他刚刚写完一本有关室内设计从业人员的实用书籍。又有一位热血青年投入室内设计行业专业书籍的著作行列，内心充满兴奋之情，回到台北后马上打开计算机接收信件，并仔细地将其大作阅读一番。

过去几年来台北市室内设计装修商业同业公会（TAID）持续进行室内装修审查的倡导与教育训练的推动，并配合台湾室内装修专业技术人学会进行相关的倡导会、教育训练活动及成立 TAID 简易室装申办的辅导小组。恩培兄不遗余力放下工作上的事务，牺牲个人时间参与公众事务，在此向他致以十二万分的谢意。

从事室内设计二十余年来，见证室内设计产业发展的锐变，近年来产业蓬勃发展，学校相关专业相继成立，大量人员投入市场的红海中，新人辈出加速产业竞争与发展，后续人员如何了解此产业的工作特性与专业价值呢？恩培兄将其一一剖析说明，并将其应具备的技能与能力逐项说明，可作为后进人员的学习与业内同侪先进的参考典范，让大家能够更具备时代竞争性。

室内设计除了设计概念的成型发展及专业的设计制图与材料技术表达外，室内软装与装置艺术亦是重要的一环；估算与成本控制也十分重要，它是业务推动的基石，更需有生动有趣的简报与沟通技巧，并向业主提供完整的法律分析与检讨。最后更对从业人员的限制与考试做出完整的说明，让

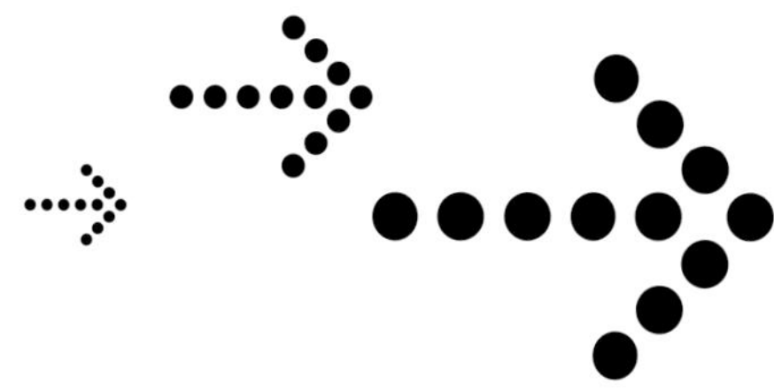

有心投入的人员能具有指标性的参考书籍。

在投入室内设计产业这一条路上并不孤单，现在仍有大量的新秀与人才相继投入。恩培兄牺牲自我的时间投入公益，并不忘写出专业的书籍提供后进与同业学习及参考，在此向他致上最高的敬意与谢意，并向大家介绍及推荐他的作品，让即将投入此产业的相关人员与同业先进们，都能够通过本书了解产业的能力需求发展，并建立起产业变革下的专业竞争力。

序言 5
Recommend

到底室内设计在做些什么？该学些什么？献给在门外观望或初入此行者的系统化信息

台湾室内装修专业技术人员学会理事长 赵东洲

近年来，由于室内设计媒体的推波助澜，人们对于生活质量的要求有所提升，进而带动室内设计业的蓬勃发展。消费大众了解了“装潢师傅”与“室内设计师”的不同，也终于清楚地认知到设计师的价值所在。

因此，不论是面临装修的业主，或者是有意投身此专业的个人，对于“室内设计”专业的了解与渴求，这股需求隐隐存在，相关的书籍也如雨后春笋般出现在市场上，可惜纵观市面上的相关书籍，大多偏重于单一主题，缺乏全面性的介绍，对于有心入门的人来说，很难有完整性的理解。宫恩培老师的《如何成为优秀的室内设计师》适时出现，正好呼应了市场上最根本的需求。

《如何成为优秀的室内设计师》主要结合恩培多年实务与教学经验，向大家介绍室内设计师在做些什么？该学些什么？一个案子从零到有的过程是什么？可以怎么做？各种工法与估价技巧等。人家常说：“江湖一点诀”，从恩培不藏私的分享可以了解，就室内设计来说，这秘诀可不是普普通通的，需要多年的经验与专业的累积，不论对在门外观望的人还是初入此行的人来说，都是非常完整实用的信息，站在本学会的立场来看，更是“正视听”的一本好书，值得大力推荐。

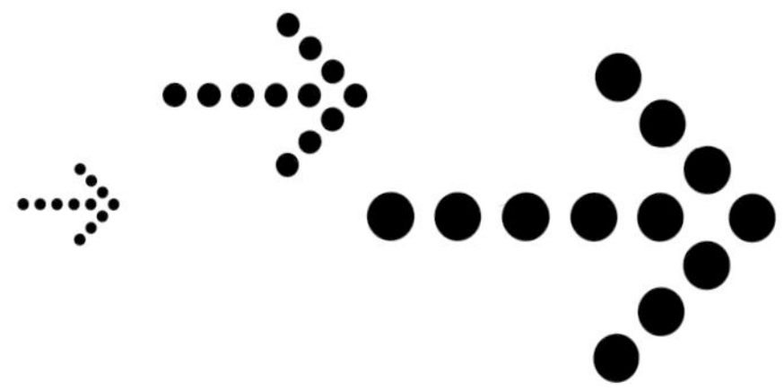

恩培是我的学弟，多年来，亲眼见证他在专业上的努力与付出，而且持续地充实自我、贡献所学，十分敬佩。很荣幸能够在他的新书上作序，也同时期待，经由本书的面世，消费大众能够了解室内设计的专业价值，进而使室内设计师与业主的沟通更顺畅。对于有意进入本业的人来说，也多了一个充分了解与学习的渠道。祝福本书能够获得众多读者的青睐，对作者来说，不啻为最直接的肯定与鼓励了。

前言
Foreword

多年实务经验的传授分享——揭开室内设计一职面纱，引领兴趣者通往正确的道路

宫恩培

相信很多人都看过日本的《全能住宅改造王》节目，这些房子与居住人和设计师的故事常牵动着人心。其中印象深刻的一集，预算只有100万日币（约6.2万元人民币）的三姐弟，希望改建深山中150年的木造房屋，以感念这栋为他们遮风避雨护佑他们长大的木屋，并回报养父母的恩情。受委托的设计师在如此紧缩的预算与艰困的环境下，并在许亲朋好友的体力帮助下，以及就地取材的应用，完成了这件改造案，不但满足了基本需求，如用水、洗澡、上卫生间、环境安全等，也呈现出一个大方美丽的家。设计师完成的不仅是一个作品更是一家人的梦想，因此见到成果后，业主所流下的眼泪才显得如此真实与自然。

现代的室内设计不同以往地满足住的需求，在我的案例中也常遇到像电视上一样的情形，肩负了一个家庭在现在和未来的使用责任，对我来说一位设计师的专业除了要精也要广，解决生活所需的各种问题外，更重要的是要以一种同理心来看待问题，要做好设计必须先把“人”搞懂，也就是你了解业主多深，你设计的内容就能多贴近他们的需求，一味的“玩”设计，其结果往往是美丽大于实用性，有时业主并不是要多好多美丽的居所，而是要一个让家庭成员都能安全舒适生活的空间。

也由于设计师这个名词的光环，让许多刚入行的年轻人或想进这行的人有着一种美丽憧憬，也造成许多人在之后学习及执业过程中，才渐渐发现其实没有那么简单和容易，要进入室内设计这个行业的门槛一点也不高，只是用什么方式进入，进到什么样的公司展开你的学习及执业之路，以及用什么心态进去，在进去前自己都要好好思索一番。从以前到

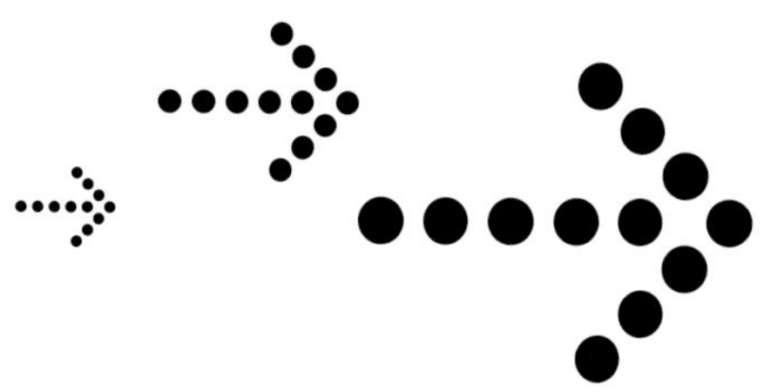

现在也有许多非科班的人进入这行，也表现得非常不错，但以前的资源和软件都不算多，许多“土法炼钢”的技法和过程都非常扎实，而现在学室内设计的人拥有太多资源，反而在基础设计的训练上却缺少很多。

当初想写这本书的初衷源自在教学过程中，有许多非科班的学生以及刚入行的年轻一辈设计师，对于学习室内设计的知识和了解这行工作的内容，其实都是来自于片段式的网络信息及道听途说，甚至自己受到一些不良设计师伤害后，产生阴影的作家也到处写书，说一些似是而非的事。台湾的室内设计直到现在，执业的形态与客户的需求不断地在改变，科技的方便与实时性也一步步进入我们的室内环境空间中，设计师要整合的项目又更多元，但遍寻台湾目前室内设计专业领域中的书，却没有一本谈到整个业界目前现况，以及要如何成为一位室内设计师应有的专业认识及基础知识的书，而是让许多来自于日本和欧美的设计书替代了设计知识，这种片段式的认知却也造成年轻设计师在阅读过程中的部分错误判断。

室内设计这行有高度的美学与专业知识需要整合，并非一朝一夕就能学成，我们必须更进一步地在建筑设计教育之外，更明确地将室内设计划分及定位出来，通过实务的讲授与知识的传递，让年轻一辈或想进入这行的人能有与业界衔接的方式，以及了解一个基础的全貌。个人虽然早年也在建筑相关领域中工作，但时间并不很长，反而是室内设计的工作却有相当长的一段时间，也很清楚一些学建筑的人要转到室内设计这行里来还是有些不甚了解的地方，希望通过这本书能将我多年在实务上工作的经验做一个全面且基础的整理，让有热情的年轻人在迈开步伐前有正确且清楚的认知，这条路才能走得长远。

序言1 让海峡两岸人民更有福气 张福军———— 002
序言2 如何成为一位优秀的设计师？ 韩孟岑———— 004
序言3 最爱教菜鸟的设计师，才写得出的——衔接室内设计教育与职场现况的教科书 孙因———— 006
序言4 指标性的参考书籍，产业变革下的专业竞争能力 谢坤学———— 008
序言5 到底室内设计在做些什么？该学些什么？献给在门外观望或初入此行者的系统化信息 赵东洲———— 010
前 言 多年实务经验的传授分享——揭开室内设计一职业面纱，引领兴趣者通往正确的道路 ———— 012

PART1 室内设计这一行

10 分钟看懂室内设计职场工作与环境 020

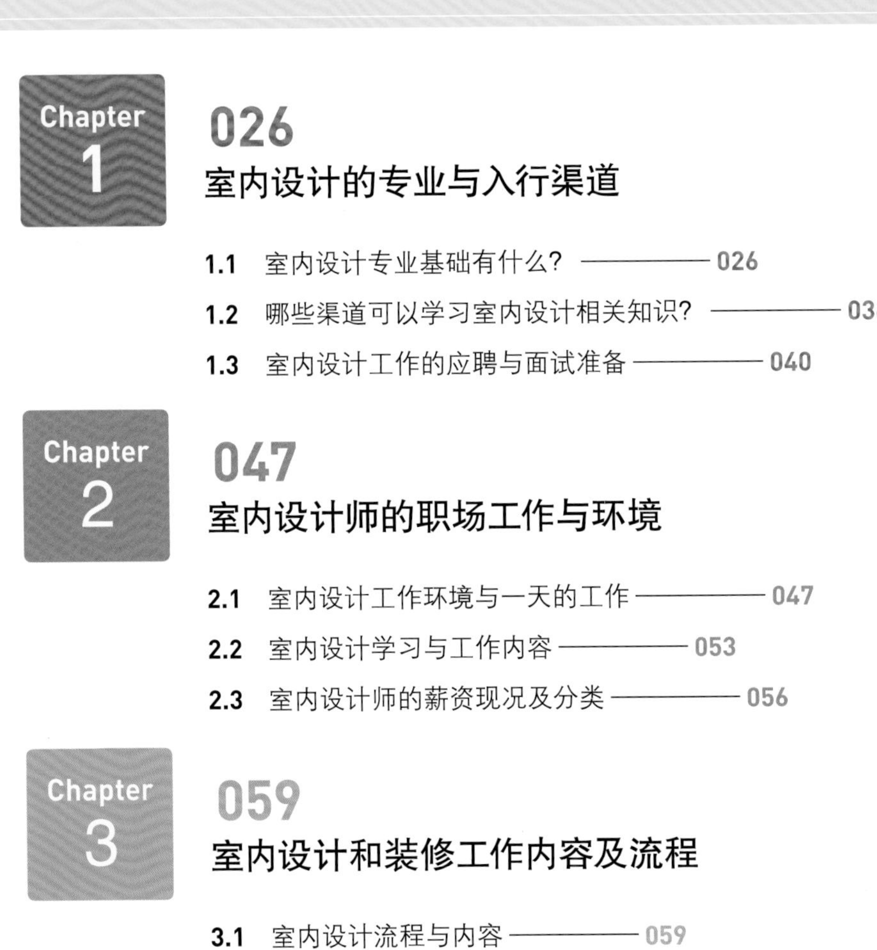

Chapter 1
026
室内设计的专业与入行渠道

1.1 室内设计专业基础有什么？ ———— 026
1.2 哪些渠道可以学习室内设计相关知识？ ———— 036
1.3 室内设计工作的应聘与面试准备 ———— 040

Chapter 2
047
室内设计师的职场工作与环境

2.1 室内设计工作环境与一天的工作 ———— 047
2.2 室内设计学习与工作内容 ———— 053
2.3 室内设计师的薪资现况及分类 ———— 056

Chapter 3
059
室内设计和装修工作内容及流程

3.1 室内设计流程与内容 ———— 059
3.2 室内装修工程流程与内容———— 068

PART2
培养你的设计专业——设计与观念

10 分钟看懂室内设计必备设计与观念 084

Chapter 4

092 室内空间构成与配置技巧

4.1 现场丈量技巧与工具 —— 092

4.2 室内空间底图放图法 —— 095

4.3 设计序列的展开与思考 —— 098

4.4 空间尺度构成三要素 —— 104

4.5 底图设计与套绘 —— 109

Chapter 5

112 室内设计提案与简报制作

5.1 简报制作类型 —— 112

5.2 简报制作重点及方法 —— 114

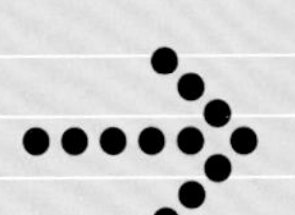

PART3

培养你的设计专业——工程实务

10 分钟看懂室内设计必备工程实务 122

Chapter 6

130 室内设计材料与工法

6.1 常用材料规格与尺寸 —— 130

6.2 室内装修结构材与工法 —— 144

6.3 室内装修底材与工法 —— 150

6.4 室内装修面饰材与工法 —— 154

6.5 室内设计材料板制作 —— 163

Chapter 7

167 室内设计工程估价与成本关系

7.1 设计及工程估价概述 —— 167

7.2 估价单撰写原则与方式 —— 172

7.3 估价单与预算成本制作 —— 177

Chapter 8

180 室内装饰与家具

8.1 常见室内设计及家饰风格概述 —— 180

8.2 家具选用与搭配技巧 —— 188

PART4
如何进入室内设计这行

10 分钟看懂室内设计证照与考试准备 196

Chapter 9

200
室内设计的证照与考试

9.1 室内装修设计相关证照有哪些？——200
9.2 室内设计的专业证照认证流程——204

附件1 特级（A 级）国际商业美术设计师（环境艺术专业）职业认证申请表——208
附件2 高级（B 级）国际商业美术设计师（环境艺术专业）职业认证申请表——213
附件3 中级（C 级）国际商业美术设计师（环境艺术专业）职业认证申请表——218
附件4 初级（D 级）国际商业美术设计师（环境艺术专业）职业认证申请表——223

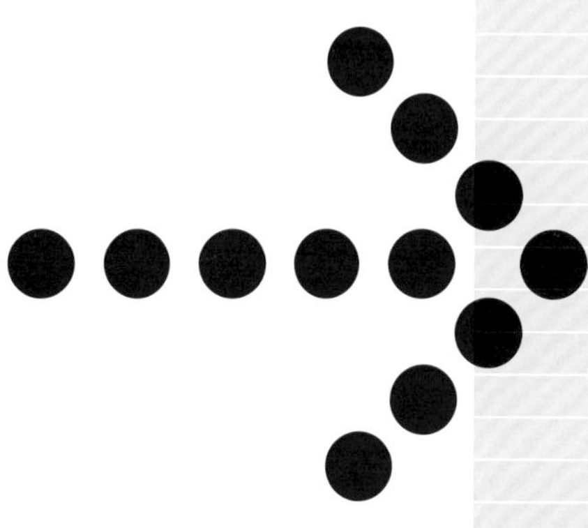

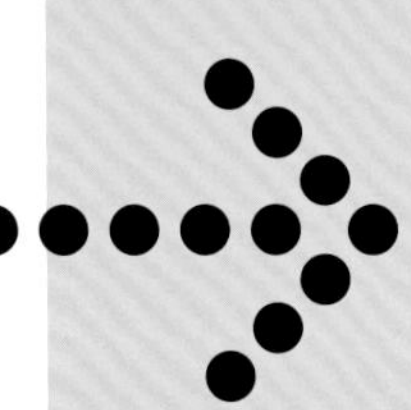

PART1
室内设计这一行

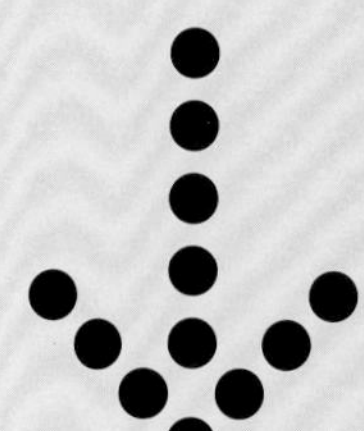

设计与观念

All About Interior Design

10 分钟看懂室内设计职场工作与环境

CH1

1.1 室内设计专业基础有什么？

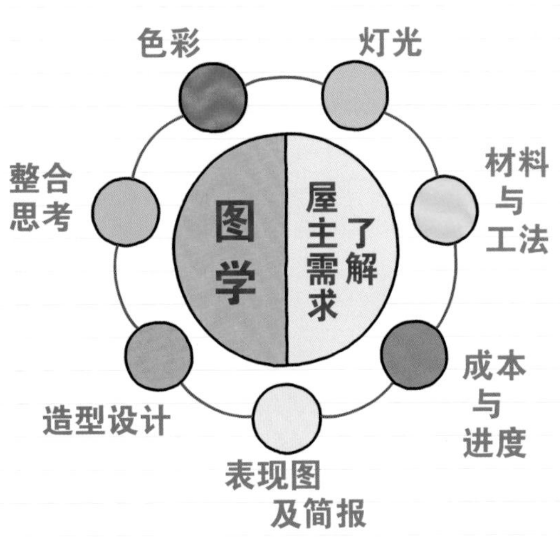

一般人总以为室内设计师最重要的专业就是设计，其实，室内设计涵盖的范围相当广，而其中最主要的专业应为图学与了解业主需求。通过详细的沟通，将业主的需求与想法，结合本身的专业建议，精准地绘制在图纸上，并经由包含设计、材料、尺寸、位置、施工方式与细节的图面，交由施工方或厂商执行制作。

除此之外，其他应具备的专业技能包括色彩学、灯光知识、材料及工法的应用、成本及工程进度的管理、表现图及简报的技巧、造型设计及整合的思考等。

1.2 哪些渠道可以学习室内设计相关知识?

如果你本身非室内设计或建筑专业毕业，可就右列渠道进入室内设计这一行

- 大学推广教育班开设的室内设计课程
- 政府开设的室内设计课程训练
- 设计公司自行开设的设计课程
- 设计培训班课程

1.3 室内设计工作的应聘与面试准备

- 如果你是科班的就一定进得了室内设计公司吗？如果不是就进不了吗？这些的答案都是否定的。

- 心　室内设计最需要的是一颗热诚和学习力强的心，美感重要？当然是重要但绝对不是必要。

- 人　先了解公司主管对人的需求是什么，你能从自己的哪方面提供给公司协助与帮助。

- 作品　接下来才是你另一个重头戏“作品集”，我不能说每个公司都重视作品集，但绝大部分有做设计的公司是会重视的，所以如果你想进入设计公司，作品集千万不能轻忽。

- 前 3 项为没经验的人准备作品的方向，第 4 项则为有经验设计师转职的重点部分：

念书时代作品	可表现个人兴趣或美学的作品	进修课程作品	有参与过的案子或合作的专案作品

CH2

2.1 室内设计工作环境与一天的工作

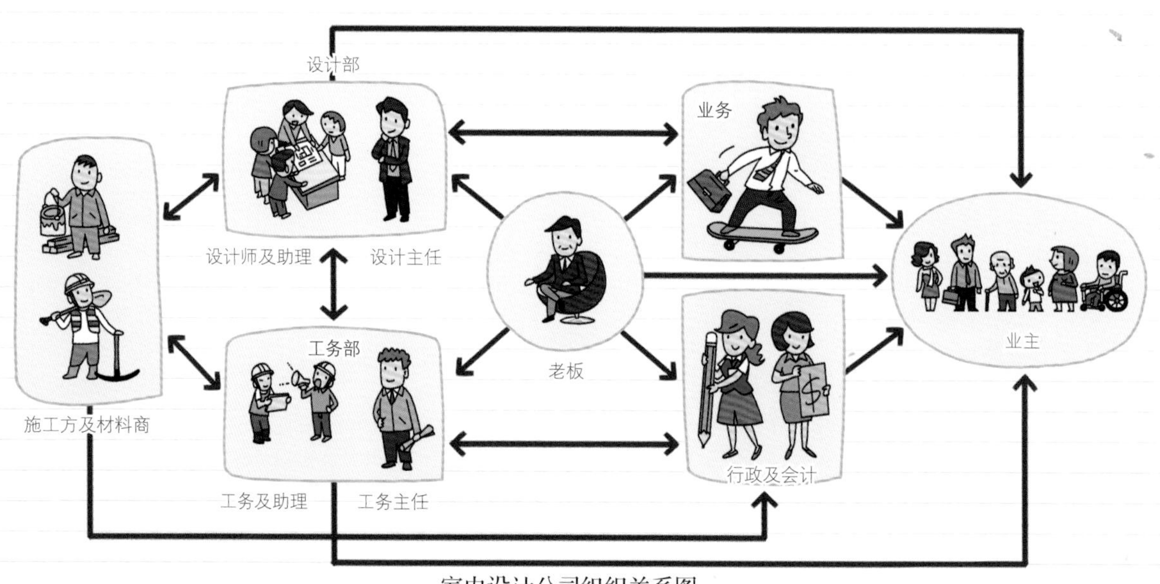

室内设计公司组织关系图

大型室内设计公司	中型室内设计公司	小型室内设计公司	微型室内设计公司	个人室内设计公司
福利与教育训练好，部门分类细，个人能接触到的案型固定。	教育训练及福利同大公司差不多，升迁速度会比大型公司快一些。	学习机会较多，接触的案型也较多样化，每个人负责的案子会较多较重。	层级少，沟通对话上较直接较快，负责的工作更多，压力也大一些。	因为人数少，通常什么都要自己来做，压力大但也能快速学到东西。

设计师一天的工作：

内部 联系 / 开会 / 绘图 / 资料收集

外部 工地巡视 / 监工 / 建材市场 / 业务洽谈

2.2 室内设计学习与工作内容

业界前辈的专业学习 / 公司内外的进修学习 / 图书资料收集及建构经验判断 / 向专业施工协力厂商学习

2.3 室内设计师的薪资现况及分类

薪资

不管哪个行业，影响薪资的因素都很多，诸如公司规模大小或个人能力强弱等，以下就一线城市的现况，以职位高低为依据，将公装设计师的薪资（均以人民币“元”作为单位，后同）做一个区间的分类。

1. 设计助理 ⋯> 3000~4000 元 / 月 + 年终分红 + 季或月奖金
2. 主案设计师 ⋯> 5000~7000 元 / 月 + 年终分红 + 季或月奖金
3. 首席设计师 ⋯> 10000~15000 元 / 月 + 年终分红 + 季或月奖金
4. 设计总监 ⋯> 20000~30000 元 / 月 + 年终分红 + 季或月奖金

奖金

种类	计算方式	适用产业
底薪 + 奖金制	低底薪，加上接案或操案后结案的盈余提拨一定的比例作激励奖金。	常见于相关室内装修及设备材料商等周边产业。
月薪 + 奖金制	发包前有做预算书的设计或工程公司，当发包执行预算时所节省的费用或者结案后的盈余提拨比例作奖金。	一般室内设计产业。

CH3

3.1 室内设计流程与内容

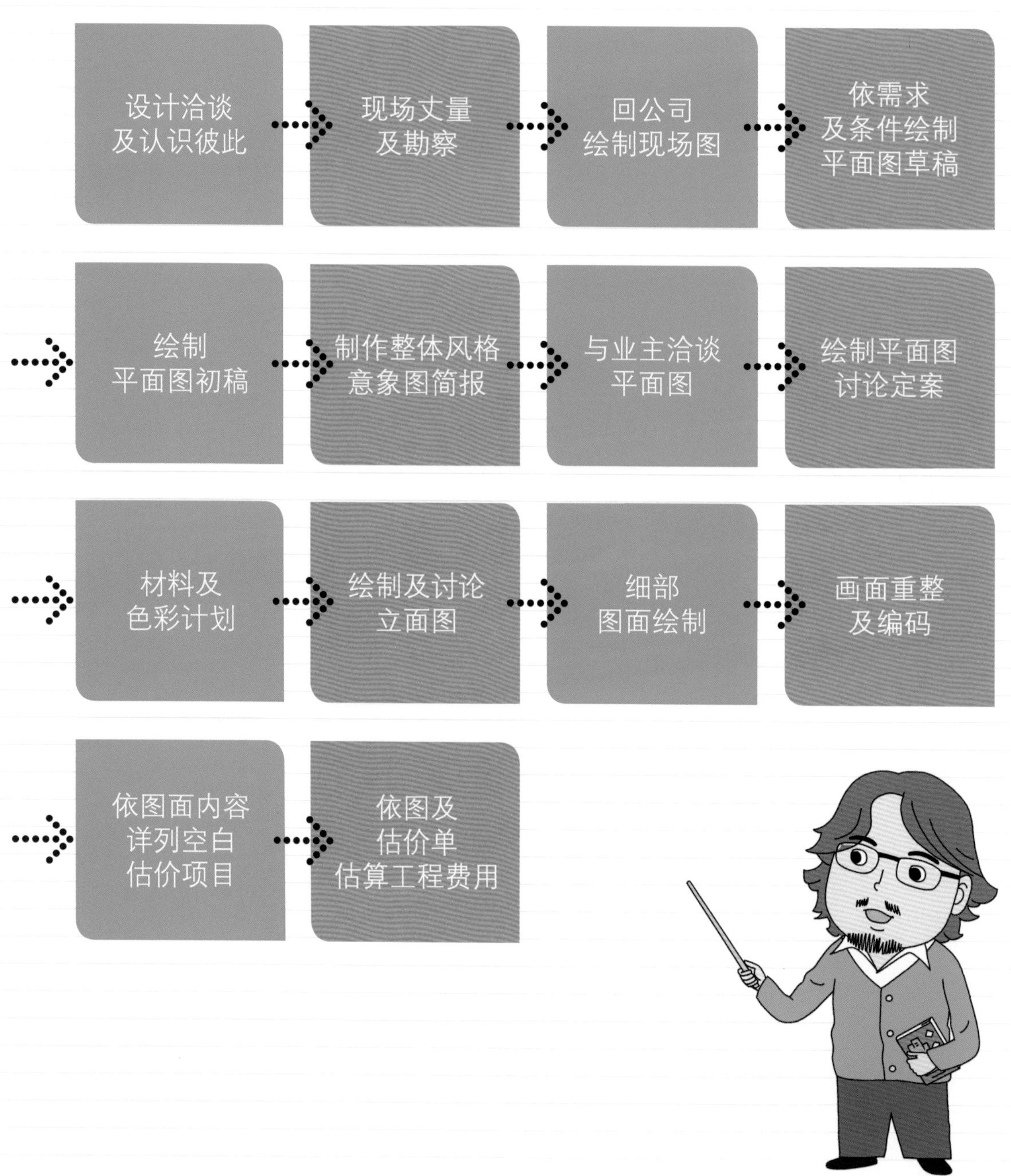

3.2 室内装修工程流程与内容

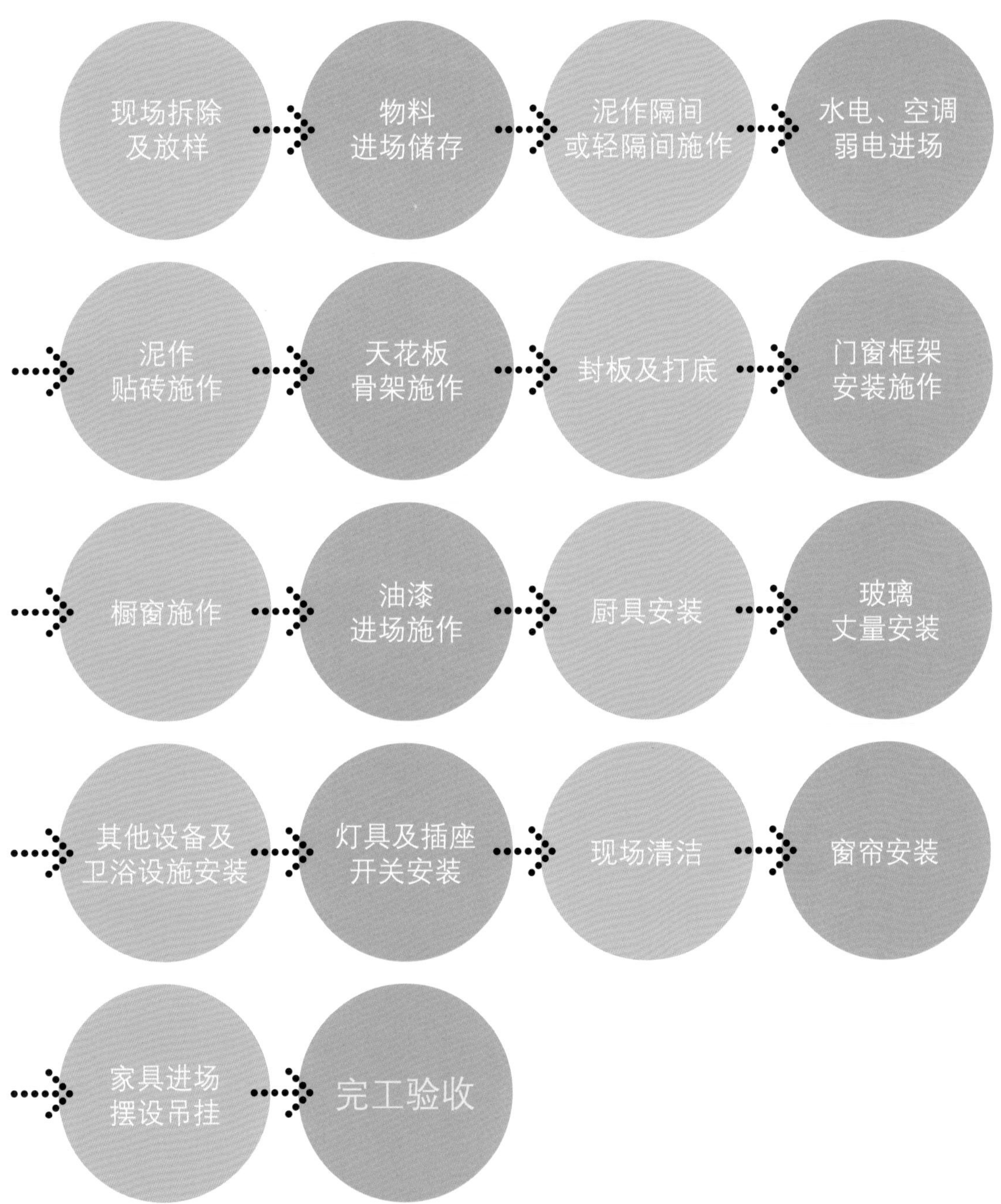

Chapter1
室内设计
的专业与入行渠道

1.1 室内设计专业基础有什么？

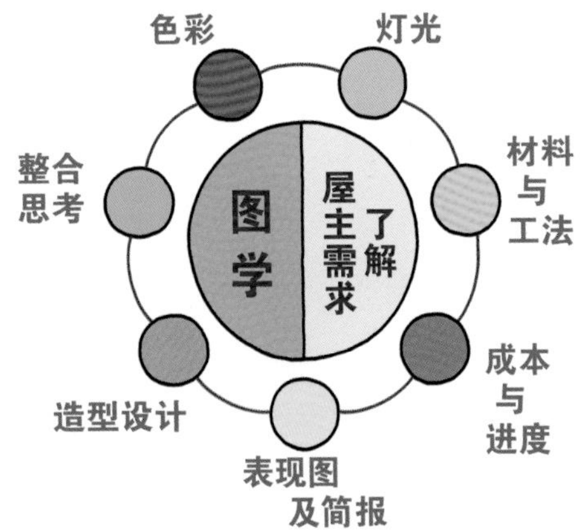

室内设计专业基础最重要的是图学与了解业主需求。其他“技术”上的专业，也非一夕可成，还是需经过多方磨炼件件具备。如果非要说出一些专业项目，应该包含色彩学、灯光知识、材料及工法的应用、成本及工程进度的管理、表现图及简报的技巧、造型设计及整合的思考等都是这个行业需具备的专业。

我们最早的接触是“图学”，而图学也是整个室内设计专业中最重要的基础，当我们和别人沟通时用的是文字语言，而图学正是室内设计重要的“文字语言”。透过图学的表现与表达设计想法、概念、美学等，也可以通过图学与施作的专业厂商做沟通，让他们清楚了解你设计的材料、尺寸、位置、施工方式与细节的处理，完成业主托付给设计师的工作。

如果一旦图学上产生表达错误，有时会产生不可挽回的损失，而在设计实务工作上，更是一间设计公司需要展现其设计内容与施工上衔接过程中重要的工作项目之一，就是所谓的“施工图”。完整清楚的施工图更可作为设计师与业主和施工者三方的一个共同沟通平台，而所有的预算估价及工程上成本控制也必须以详细的图纸为依据。

符号	说明	符号	说明
▲	入口	A—A'	表示依 A-A' 向的展开图
5/20	张号		地板高程
5/A	图号	#	规格、型号
1/S	剖面图图号	∮	直径
3/D	大样图图号	@	固定间距
A D B C	立面图方向及顺序（顺时针）	N↑	指北针
		℄	中线图
A	图面展开方向及图号	S	剖面图代号
2/A	图面展开方向及图号	D	大样图代号

（摘录自《工程图学》）

图例

所以，一位设计师或助理的培养中，首重图学与系统性的表达设计内容，不仅可增进设计能力，也可以节省预算，更是设计师专业收费的依据。

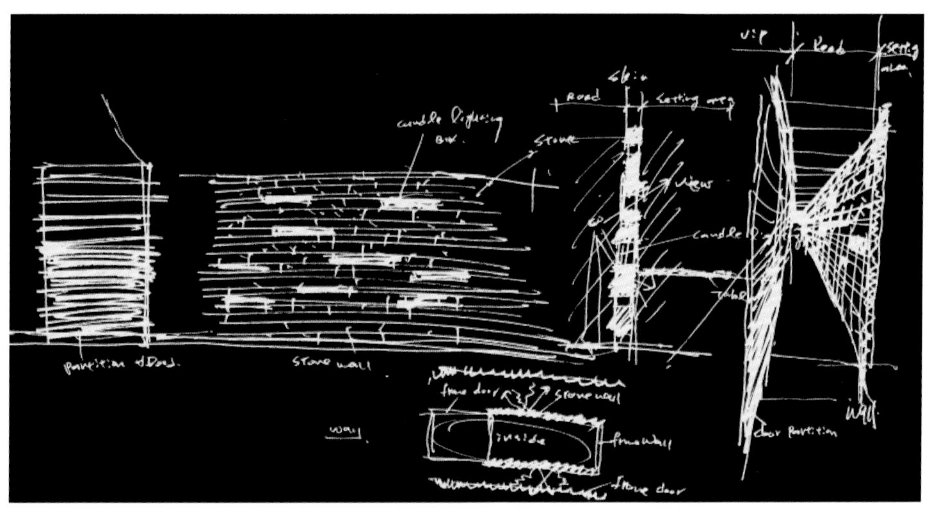

手绘概念图

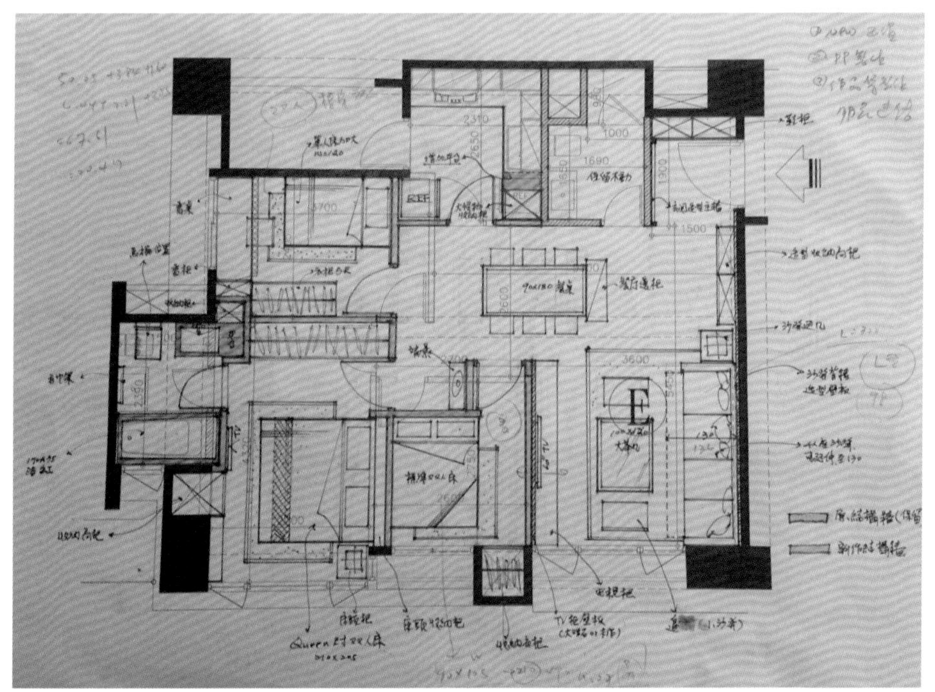

手绘平面配置与格局图

宫老师觉得 你也该知道的事！

要成为一个称职的室内设计师，手绘制图的训练过程是必不可少的，透过手绘掌握的比例、线条、粗细等都是设计中重要的技巧，素描、草图大都是以手绘完成，太过依赖计算机来做设计是很难将自己的想法做系统性思考的，这也是目前资历较浅的设计师最欠缺的绘图技术。

■ 手绘在职场运用上的优势：

1 手绘可让你在图纸上有较宽广的思考，也能做快速的设计检验，一旦不可行还可转化为别的方式，时间一久你的思考面会更广，速度上也会快很多，在竞争的时代中，“时间”是关键的因素。

2 从手绘中培养美学感知，不管是空间比例、线条粗细、阴影虚实、色彩搭配、造型变化还是细部检讨、概念设想等，都需要靠手绘来完成设计步骤的前期作业。

3 我们与客户谈设计时，常会有不同的想法或客户想要的设计方式，如果能实时地画出客户要的造型或修改图纸时，也会加深设计师在业主心中的专业形象，对于未来签约及加快设计定案有相当程度的帮助。

4 当工地工程进行时，现场虽有你画的施工图，但有时会突然有不同的问题要解决，此时可以在工地用手绘的方式与师傅或厂商沟通你要的设计细节或变更设计做法等，也能加速工地工程进程及排除问题。

如果我们把图看作是将设计规划的成果表现在图纸上，那么需求就是散落在图纸上未经整合的元素。室内设计的客制化特性，涵盖了整个家庭成员及未来家庭成员的需求，而去思考如何从繁杂的需求中找出适合的逻辑并决定位置、尺寸、动线、格局、材料等，这是在设计发展中最早碰触的核心问题，所以我们应如何有系统地整理这些需求与想法以及充分地考虑现有限制条件，就是整合设计重要的操作项目之一。

一般的做法可通过**访谈表、空间规划需求表、材质确认表、空间关系表、家具家电表、生活作息分析表**等，去了解一般室内家庭成员的所有需求。进而将这些表格中所获得的信息加以分析，找出问题并逐一地进行讨论，专业设计者如同医生的问诊般循序渐进地了解客户的需求及问题，最后用专业广泛的设计知识，整合解决其中的使用冲突和现况问题，并打造未来的生活模式及样式。

在我的实务案例中，有一个案子全家共三人，弟弟已婚，照顾一位骨癌单脚截肢并接受长期化疗的姐姐，并在此案设计的同时，弟弟的太太也怀孕了。我设定了几个主要设计核心解决他们未来空间的问题，第一是无障碍空间：姐姐进出厨房及浴室时，轮椅能安全且舒适地通过，降低这两处的门槛高度达到无障碍设计的高度，浴室及厨房选择防滑地砖。第二是绿色建材的使用：降低建材中甲醛的含量，让婴儿及罹患癌症的姐姐有更健康的生活环境。第三是柜体无尖角：考虑婴儿未来成长过程中学走路及姐姐有时会用拐杖行走，室内所有橱柜（包含高矮柜）的阳角处倒圆处理，墙的部分阳角处也修饰成圆角减少碰撞带来的危险。第四是灯光的设计：在走道及房间壁面下方，增设了导引的内嵌式壁灯增加走道上重点照明的照度，避免夜间行走时的照度不足。

在设计初期另一个重点就是与业主对话，对话的目的在于了解业主对空间的想法，不管是对格局、风格、材质等的喜好，还是对空间与家具的使用行为及家庭成员在不同时间不同生活方式的需求外，更重要的是预算金额也要在谈话过程中去了解，可在第一时间过滤或避免彼此对设计及工程费认知差距过大的情况，而造成日后执行及验收上的困难。以下为一些访谈表格范例。

室内设计装修有限公司 设计需求访谈表

案名：李公馆	设计地点：新北市新店
访谈日期： 2015 年 3 月 23 日	设计物件： 3 / 5 楼　3 房 2 厅 1 卫　前、后阳台
访谈者：女：黄小亭 职业：老师 男：李恩恩 职业：教授	
居住空间需求：4 房 2 厅 2 卫　前、后阳台	现况面积：148.5 m^2
目前家庭成员： 主人：1 男 1 女 / 小孩：1 女 2 岁 / 长辈：1 男 76 岁 / 其他成员：1 猫	
未来家庭成员：预计再添一子	
访谈内容	
1. 风格：简约、偏好工业风。 2. 预算：34 万 ~45.5 万元之间。 3. 设计范围：前后阳台不动。 4. 家庭成员作息：主人作息规律，8 点上班 17 点下班，主要掌厨者为妻子。 5. 收藏及兴趣或嗜好：长辈收藏茶壶（数量待估）。 6. 现有家具使用状况：沙发、书桌、部分衣柜留用。 7. 未来添购家具：电视、厨具、卫浴设备换新。 8. 现有空间问题：客厅太大，主卧无更衣室，地板虫蛀。 9. 收纳现况：一般衣物放衣柜，内衣放五斗柜，鞋包置物空间不足。 10. 卫浴及厨具设备需求：厨具改樱花牌，坐便器换免治，不需要浴缸。 11. 电器设备需求：厨房更换烤箱、洗碗机。 12. 材料要求：环保无毒、实木地板、竹炭乳漆。 13. 其他：长辈乘坐轮椅，注意地板高低差。	

※ 业主需求的初步了解。

室内设计装修有限公司 空间规划需求访谈表

案名：王公馆	设计地点：桃园
访谈日期： 2015 年 4 月 15 日	设计物件： 6 / 7 楼 5 房 2 厅 3 卫 前、后阳台
访谈内容 （活动家具 / 固定家具 / 天地壁材料 / 照明 / 收纳 / 设备 / 机水电 / 弱电 / 空调）	
1. 玄关：衣帽架、鞋柜、大理石地板。 2. 客厅：一二三沙发套组、木茶几、实木地板、收纳电视柜、大功率冷气、60 英寸电视、竹炭乳胶漆。 3. 餐厅：4 至 6 人木头延伸桌、6 木椅、实木地板。 4. 厨房：L 型厨具、中岛、壁贴瓷砖、洗碗机、三口煤气炉、瓷砖地。 5. 书房：书柜、电脑桌、电脑椅、单人沙发椅、实木地板。 6. 起居室：跑步机、42 英寸电视、PS4、XBOX360、收纳柜、实木地板。 7. 主卧室：床、32 英寸电视（壁挂）、衣柜、实木地板。 8. 小孩房：娃娃床、系统柜、环保漆、实木地板。 9. 公共卫浴：和成牌卫浴、干湿分离、免治坐便器。 10. 主卧卫浴：和成牌卫浴、干湿分离、免治坐便器、淋浴门柱、按摩浴缸。 11. 佣人房：床、衣柜、书桌。 12. 储物室：收除湿机、电暖炉、电风扇、大型行李箱 3 个、登机箱 2 个。 13. 走道：挂画作、实木地板。 14. 其他：神明厅、瓷砖地、注意通风。	

※ 各空间主要需求的记录。

室内装修材质确认表

空间	天花板	壁面	地面	门片	橱柜	台面	灯具	家具
玄关	硅酸钙板	得利电脑调色乳胶漆（白）	超耐磨地板（棕）	防火门	系统柜 3124 百合白	—	水晶吊灯	鞋柜、高柜、穿鞋椅
客厅	硅酸钙板	得利电脑调色乳胶漆	实木地板	—	客厅柜	木贴皮	LED 吸顶灯	沙发、茶几、脚凳
餐厅	硅酸钙板	得利电脑调色乳胶漆（黄）	冠军瓷砖 G6063	—	餐具柜	木贴皮	单灯餐吊灯	10 人圆形餐桌椅
厨房	硅酸钙板	冠军瓷砖 G6329	冠军瓷砖 G6063	—	Cleanup SS 不锈钢	不锈钢台面、人造石水槽	LED 吸顶灯	竹制餐车
书房	硅酸钙板	得利电脑调色乳胶漆	实木地板	木织门	系统柜 3124 百合白	—	LED 吸顶灯、立灯	电脑桌、办公椅
起居室	硅酸钙板	得利电脑调色乳胶漆（米）	实木地板	隔音门	—	—	LED 吸顶灯	跑步机
主卧室	硅酸钙板	得利电脑调色乳胶漆（米）	实木地板	隔音门	系统衣柜（黑棕色）	—	LED 吸顶灯	床、梳妆台
小孩房	硅酸钙板	得利电脑调色乳胶漆（绿）	实木地板	木织门	系统衣柜（浅棕色）	—	LED 吸顶灯	儿童床、儿童木桌椅组
公共卫浴	PVC 板材	冠军瓷砖 GR6050	冠军瓷砖 CL7508	铝合金浴室门	—	人造石	防水圆形吸顶灯	—
主卧卫浴	PVC 板材	冠军瓷砖 GR6050	冠军瓷砖 CL7508	铝合金浴室门	—	大理石	防水圆形吸顶灯	—
佣人房	硅酸钙板	得利电脑调色乳胶漆（米）	冠军地砖 D6101	木织门	五斗柜	—	LED 吸顶灯	床、衣柜、书桌
储藏室	硅酸钙板	得利电脑调色乳胶漆（米）	冠军地砖 D6101	拉门	金属层架	—	单壁灯	—
其他（走道为例）	硅酸钙板	得利电脑调色乳胶漆（米）	实木地板	—	—	木质踢脚板	走道灯	画作 2 幅

※在预算和需求等多方考量下，和业主仔细讨论出每个空间的使用材料，以利细目价位的掌握，与未来施工的预先安排。

家庭生活作息表

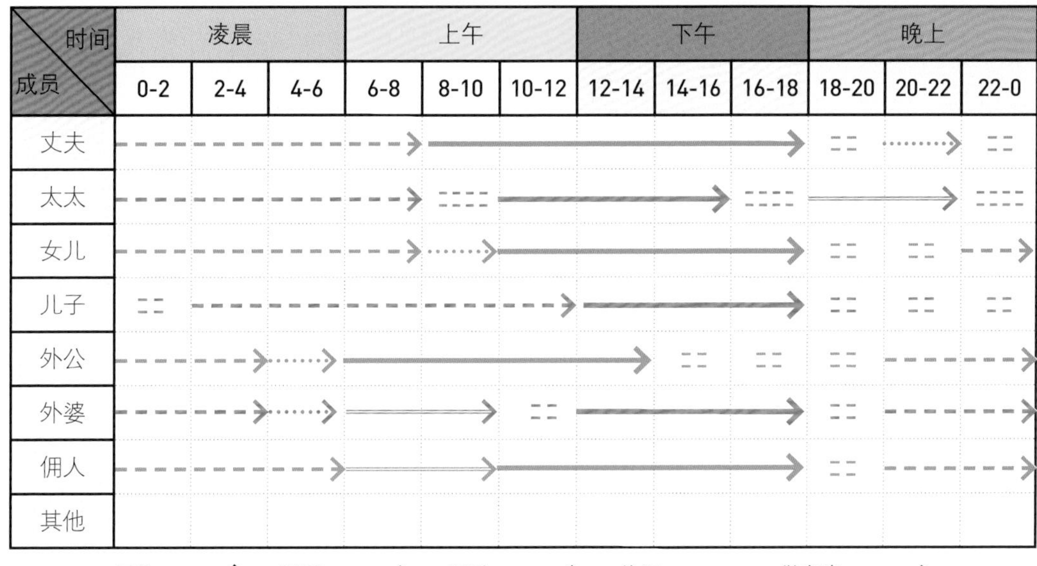

※彻底了解家庭成员的作息，能帮助室内设计师在规划居家空间时，更能掌握并贴近细节的设计，例如早睡的长辈房最好离晚睡且容易发出噪音的孩子房间远一些，避免被干扰到等。

空间关系表

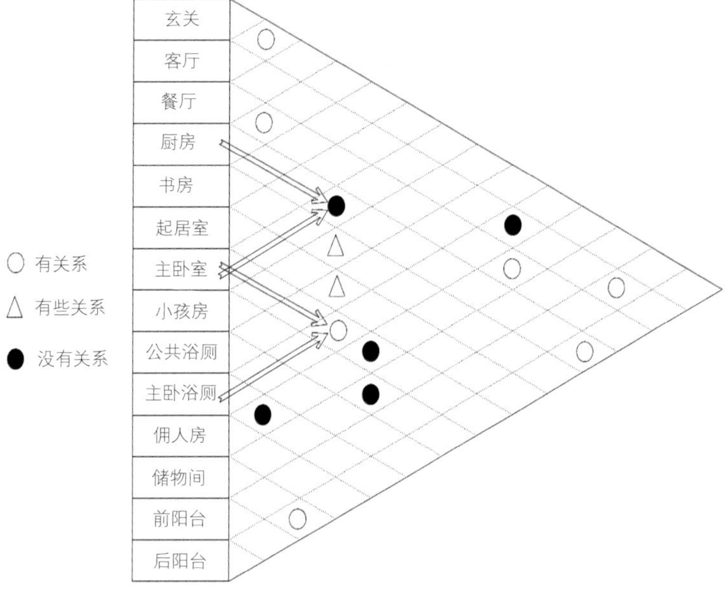

※ 室内设计师经由此表去推测、安排每个空间的远近相关性和支援性关系。

家具家电表

使用空间	家电名称	数量	尺寸（cm）	颜色	材质	电压及负载	现有或购买	备注
玄关	捕蚊灯	1	长 27 × 宽 38× 高 16.5	白	塑胶	110V/30W	现有	飞利浦
客厅	电视	1	60 英寸 宽 137 × 高 84.6 × 深 23	黑	液晶	220V/116W	购买	SONY
客厅	电风扇	1	14 英寸 宽 40 × 高 95 × 深 35.5	白	塑胶	110V/70W	现有	Panasonic
客厅	冷气室内机	1	宽 116 × 高 29.5 × 深 25.5	白	塑胶外壳	220 V /1000W	购买	Panasonic
客厅	DVD 播放器	1	宽 18.5 × 长 43 × 高 3.5	银	金属	110V/25W	现有	Panasonic
后阳台	冷气室外机	1	宽 88 × 高 92 × 深 34	白	金属	220 V	购买	Panasonic
后阳台	洗衣机	1	宽 63.5 × 高 112.2 × 深 73.5	银	塑胶外壳	110V/90W	现有	LG
厨房	烤箱	1	宽 49.5 × 高 32.5 × 深 39.5	白	金属	220 V /1000W	购买	飞利浦
厨房	电风扇	1	12 英寸 宽 37 × 高 93 × 深 33.5	白	塑胶	110V/70W	现有	东元
厨房	电锅	1	宽 26.5 × 长 40 × 高 22	绿	金属	110 V/1240W	现有	象印
厨房	抽油烟机	1	宽 120 × 高 49 × 深 53.5	白	金属	110 V/200W	现有	庄头北
厨房	滤水器	1	宽 35.3 × 高 39.2 × 深 19.5	白	金属	110V/20W	现有	3M
厨房	冰箱	1	宽 76.3 × 高 170.2 × 深 77.6	绿	金属	110V/300 W	购买	TOSHIBA
主卧室	冷气	1	宽 68 × 高 48.2 × 深 88.5	白	金属	220V/900W	购买	Panasonic
主卧室	电风扇	1	12 英寸 宽 37 × 高 93 × 深 33.5	白	塑胶	110V/70W	现有	东元
更衣室	除湿机	1	宽 37 × 高 60.5 × 深 25	白	塑胶	110 V/200W	购买	3M
小孩房	冷气	1	宽 68 × 高 48.2 × 深 88.5	白	金属	220V/800W	现有	Panasonic
小孩房	电风扇	1	12 英寸 宽 37 × 高 93 × 深 33.5	绿	塑胶	110V/65W	现有	东元
走道	除湿机	1	宽 37 × 高 60.5 × 深 25	白	塑胶	110 V/200W	购买	3M

※ 家电表有助于设计师规划每个空间的插座数，以及水电师傅计算室内用电量的安排等，相当重要。

宫老师觉得 你也该知道的事！

这些表格的操作无非是让我们能系统性了解设计需求，当然一开始操作时你会觉得略为费时，等你熟练这些步骤后，许多步骤流程会简化成你认为所需要的重点。

1.2 哪些渠道可以学习室内设计相关知识？

室内设计师这个职业对于行业外的人还是一份很有吸引力的工作，除了正规的专业训练较能快速地进入职场外，还有许多非专业的人也希望进入室内设计行业一偿设计师之梦。如果你本身非相关室内设计或建筑专业毕业，可就以下渠道进入室内设计这一行。

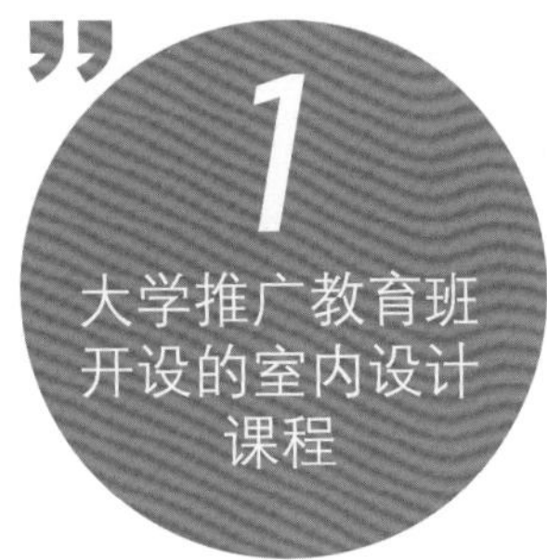

通常 3~4 个月会有一期，每期课程在 2~4 个月之间。其内容是通过室内设计基础训练让你对室内设计这行有更深刻的认识，再决定是否适合自己。在师资上，也都是由目前业界较资深的设计师或设计公司负责人授课。这类课程可在结业后由授课老师引荐或学员自己寻找与室内设计相关的工作，如系统柜或建材设备等与室内设计配合的工作，积累几年经验后再转到设计单位。

通常这类的课程训练时间较长，课程内容相对也较完整，适合目前没有其他工作能够全心上课的人，培训单位也会与一些需要室内设计人才的厂商合作，可借此进入到室内设计行业工作。

这方面的课程是由设计公司自己对外开设的设计课程，但因相对开课信息上曝光不够，以及开课时间不固定，有时很难清楚何时开课。其师资都以设计公司的内部人员及外部厂商一起授课，师资及教学质量方面较没有一致性，优秀的学员有时会由设计公司直接聘用。

这类课程由私人成立的法人组织开设，主要针对一般社会大众想要转行及学习第二专长的人开设。培训老师绝大部分是来自业界的设计师，他们都有多年的教学经验。不过这类培训课程费用偏高，时间上以 2~4 个月的时间为主，工作部分需要自己去寻找。

如果你已具备相关基础训练，可准备好你在受训时或学生时代的作品集，越多越好，并加以分类排版，通常设计公司的面试分两大方向，第一是你的作品集（包含你的履历特色展现，因为你应聘的是设计产业），第二是你画过的施工图，通常不管是设计师或助理工作都会看这两个部分，主要是了解你的设计能力和绘图能力，这两种职位的人都是需要画图的，千万不要没有任何作品就去面试，这通常是浪费自己和别人的时间。作品集的制作说明详见后文 1.3 所述。

应聘工程人员……

如果你应聘的是相关工程人员，如现场工程师、现场监工、工务等这类的职位，当然你能有些现场实务的工程经验会更好，在有些小型的公司会比较容易找到这类的职位，如果你又会画图又有一些基本设计技巧，我想你被录用的几率会更高一些！

是否需要具备证照?

至于是否要相关证照，每个公司的要求不同，少数公司会要求有考过证照的资格，一般大都需要一到三年经验不等。如果要提高自己录取率的话最好你的履历上不要有太不稳定的工作时间转换，通常设计公司的面试官会很在乎。另外室内设计产业的圈子不大，造假、挪用他人的设计作品时有所闻，千万不要将他人作品挪用或夸大自己曾经参与的工作或案例，这在业界中很容易被揭发，将不利于你未来的室内设计工作生涯。

宫老师觉得
你也该知道的事！

在我教书及执业的这些年，我看到不少人前赴后继地想往这个行业钻，反而不少科班的人却不走这行，当然这其中也有很多个人因素。设计师这个名词让人向往，但当你进来时你才会体会到个中甘苦，最好要决定进入这个行业前，先跟一些前辈打听一下，聊聊也好，或者有机会去设计公司看看或实习一下也是个不错的方式，你才知道自己是否喜欢这样的工作环境及步调，而不是为了这个设计师的头衔就去找这样的工作，这样太浪费青春了！

1.3 室内设计工作的应聘与面试准备

一定要是科班学生才能进室内设计公司吗?

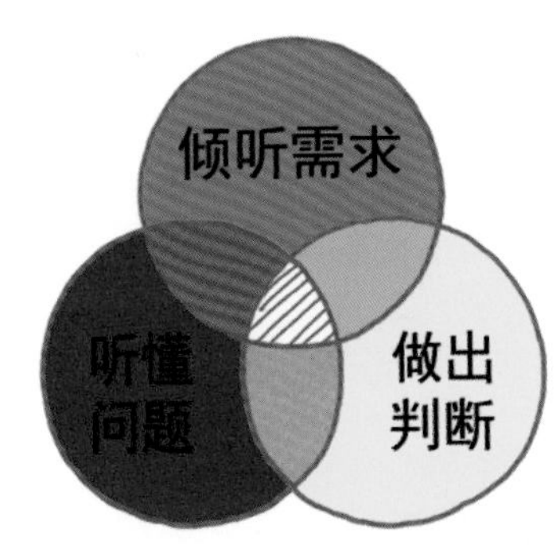

如果你是科班学生就一定进得了室内设计公司吗？如果不是就进不了吗？这些答案都是否定的，室内设计最需要的是一颗热诚和学习力强的心。美感重要？当然重要，但绝对不是必要，在许多成功案例中，不见得花大钱的案子或特别有设计感的案子就是成功的案子，常常刚好相反，只是表象对外的宣传营销让大家看不透，当然对行业外的人来说他也无须知道这些，但当你是业内人士时，你就不可不知。好的案子往往是建立在好的沟通与信任之上，也往往决定了案子的成败，所以对我来说好的沟通者会是作为设计师一个“必要”条件，倾听需求、听懂问题、做出判断。

与其用面试的观念去得到一份理想的工作，倒不如先了解公司主管对员工的需求是什么，你能从自己的哪方面提供给公司协助与帮助，如果你只是将面试当作取得设计工作的一种手段时，很容易就单一能力如画图速度、同时能做多少个案子、会不会看现场等，与其他应聘者做比较，这样就落到了一种“能力”比较等级层次去判定你，而你的对手将会很多。

面试与作品集

如果你能换个方式思考，如“我能提供你要的需求”，或是“我知道贵公司的需求”“我能给予你未来发展的协助”。我想如果你能在面试时给面试官留下这样的印象，你应该就胜了一半。所以在面试中一直说我会什么，我可以做什么，是很忌讳的也是大家常犯的错，并没有先把自己的价值与专业说出来，甚至自己擅长什么，能为公司提供哪方面的需求，这都不会有好的印象。所以在你面试前先像以上我所说的，先清楚地了解认识自己，并能在过程中诚实表达你的价值，在一开始先建立一个良好的“沟通”。

接下来才是你另一个重头戏“作品集”，我不能说每个公司都重视作品集，但绝大部分有做设计的公司是会重视的，所以如果你想进入设计公司，作品集千万不能忽视。作品集分为入行设计师或助理的作品，以及资深设计师换公司要用的作品，这其中最大的差别在于，作品的多寡以及案子完成的成熟度和负责内容。很多设计新人常问我：“我又还没进到这行怎么会有作品”，当然如果你是新人或是资历较浅的助理，要进入这行，你可以准备以下的内容。

有素描、摄影、基本设计、造型设计、毕业设计、项目设计等作品时，要记得分年代及说明设计或表现重点是什么。建议作品集不要只是直接拿出来给面试官看，最好能数字化转成电子文件，并经过修饰及排版会较让人青睐。其中，毕业设计是最重要的，要认真地做好它！

2 可表现个人兴趣或美学的作品

如果你自己有额外的兴趣，虽然没有与室内设计直接相关的内容，但是也可以把它表现出来，如绘画、摄影、艺术创作、平面设计、服装设计、工业设计、影片动画等与美学有关的领域，除了展现你自己对美的事物的感知外，亦可表现自己在计算机技巧、后期制作上的能力，不过还是需要整理并简要说明你的设计理念或看法，要表达什么主体的关联性。很多非相关专业的人有时往往会有不错的作品，并靠这个进到室内设计领域中。

3 进修课程作品

现代社会有许多的推广教育及私人职训单位，也都有为非相关专业的人开设培养第二专长及进修的课程，在课堂上有许多与室内设计相关的练习及实作部分，要把这些课程上所画和所做的留下来，并做成作品集，学习过程中产出的作品，往往可以让面试官看出你的能力及未来的可塑性。

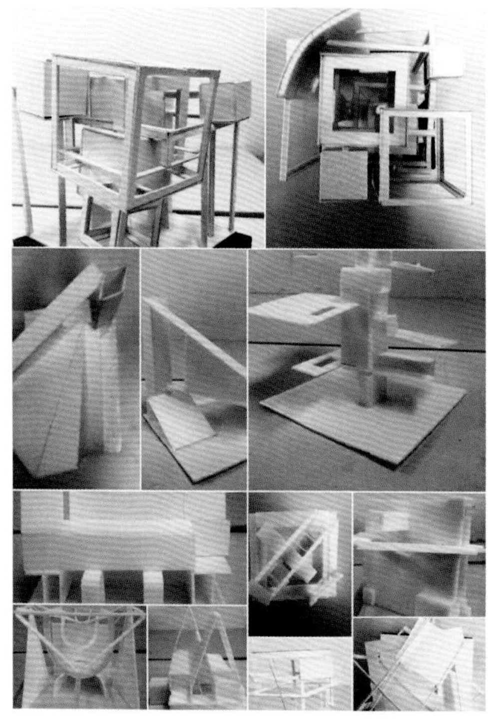

如果你是较资深的设计师，应该是有你过往的工作作品，其中最好要有独立完成的作品，图或完成的照片或模型等均可，这是对于已有相关工作经验者的最好的证明能力之一。面试官通常会针对你作品中的内容进行提问，大多是有关你在某个案子中负责的工作内容，以及工作上的时间进程安排等，也会问到你负责的案子，在设计上你如何处理相关问题，这些提问无非是要了解你的沟通表达能力，以及与设计和工作相关的处理能力，所以在面试前要记得把你自己的作品集内容重新检视一遍，回想这些作品中的相关工作细节内容，才能在面试中较有逻辑地表达你的作品。

通常会把自己负责主导的归为一类，共同参与及合作的一类，提案未成案的一类，也可分图纸、模型、3D、其他表现图等小类。如果你的作品得过奖或上过杂志，或被哪些媒体报导过，也要整理好这些资料，证明你自己的专业能力具有一定的水平。

作品集照片

已执业室内设计师作品范例

作品集内容应有：
1. 封面
2. 个人经历说明
3. 个人专业证照
4. 团体组织加入
5. 过往作品经历（分类）
6. 挑选精彩作品照片编排（分类）

宫 恩 培

History

商业空间

三商福胜亭日式猪排
三商 DUNKIN DONUTS
顶呱呱炸鸡
Lee 牛仔裤
SST&C 时尚西服
元定食 日本料理
百年吴家顶边锉
PRIMO 意式餐厅
瓦城泰式餐厅
诚品书店
广录建设 花莲丰滨 度假村民俗
新加坡 美珍香
happy hair 发廊
IBS 牛仔裤
Sweet Camel 日本进口 牛仔裤
新加坡食品 美珍香
Earl jean 美国进口 牛仔服饰
uniqlo
歇脚亭英国分店

住宅空间

实品屋 信义区 宝徕花园广场
样板房及接待中心 北城建设 北城大成
联勤建设 一品花园 / 国鼎开发 荣耀交响曲
竹城建设 林口集合住宅 990 平方米 公共空间
之人住宅 内湖阅读欧洲社区 公设
嘉源建设 北投公设

特殊空间

振兴医院 心脏重建中心
宜兰兰月新城 室内钟塔设计
长庚医美教室
霈泉活氧健康中心
菲芃医学美容中心

About me

专业证照

1. 高层建筑专案经理人
2. 台湾地区行政管理机构公共工程品管工程师结训
3. 日本二级 SICK-HOUSE 诊断士结训
4. 劳工安全卫生管理结训
5. 建筑物室内装修工程管理乙级技术士
6. 台湾省阳宅丙级鉴定师
7. 无障碍设施勘检人员

参与社团

1. 台湾室内设计师协会
2. 台北市室内设计装修商业同业公会会员 理事
3. 台北市室内设计装修商业同业公会 学术委员会 副主委
4. 台北市室内设计装修商业同业公会 资讯传播委员会 副主委
5. 台北市室内设计装修商业同业公会 室内装修审查委员会 委员
6. 台湾室内装修专业技术人员学会会员 候补理事

教学

1. 文化大学推广教育部 室内设计课程讲师
2. 健行科大推广教育部 室内设计课程讲师
3. 香港设计学院 室内设计科讲师
4. 华夏科技大学 室内设计系 产学合作实务课程讲师
5. 台湾中华职人产业文化协会 设计课程讲师

Commercial
Share Tea
London

Commercial
Japanese Restaurant

Taipei

Commercial
Eslite Bookstore

Taipei

Commercial
B&B

Yilan

Commercial
Dunkin Dounts

Zhongli

Commercial
Mondo Vino Wine Bar Taipei

Taipei

Commercial
Primo Italian restaurant

Taipei

宫老师觉得
你也该知道的事！

我想任何好的学习，前提都是要自己主动有意愿学习，效果才会比较好，我们最怕没有热情这件事，哪怕你有多专业，也无法让你一直燃烧下去，设计及工程这行每天接触不同的人，这些人能教你的东西往往胜过与书本上所教授的内容，应善用你周边人脉及朋友，通过他们在相关专业上的知识传授，你会学习得更快。找寻适合自己的工作往往需要花点时间，但不经历磨难你又何尝能看到那些景色，多看多接触把心放大，你将会有不一样的学习过程，而且会收获满满。

Chapter2

室内设计师的
职场工作与环境

2.1 室内设计工作环境与一天的工作

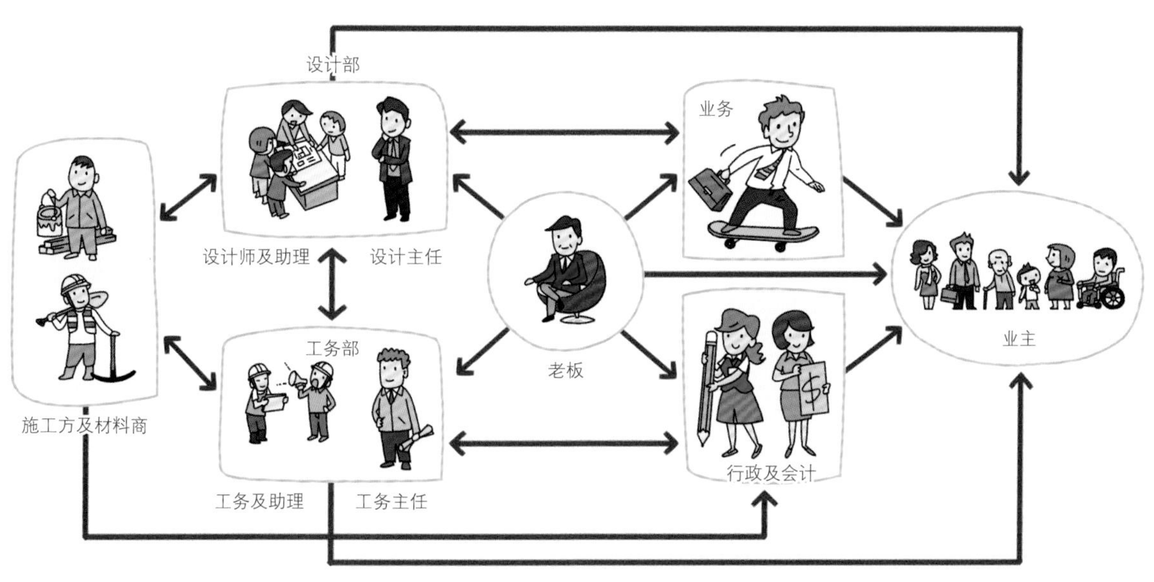

室内设计公司组织关系图

到现在我还依稀记得第一次进入设计公司的场景，我的工作是一个连设计助理都还称不上的工作，虽然自己是科班毕业，但那时的室内设计学习过程其实是很封闭的。那份工作主要是管理建材和设计图书数据文件，当时月薪 1800 元，因为没有什么要画图的事，我想老板也不敢让我画吧！每天就是协助设计师和助理找数据找建材。

在那个网络数据还未普及的时代，设计书籍几乎是每个设计公司都需具备的，满满的国内外设计书籍、杂志和建材柜，成天与它们为伍，就这样一年过去了，还是没有碰到任何图，而多是在设计师椅子背后看他们如何用 AutoCAD 画图，不管是计算机稿还是手画草图，对那时的我来说可羡慕得不得了。也因为工作关系看了不少书籍，懂得了更多的建材，这对我日后的设计之路帮助很大。

拜科技所赐和社会多元学习渠道的成熟建立，现在学习室内设计也增加了许多渠道，但室内设计的工作呢？还是依然在设计公司内一步步地按设计步骤完成，不过也因为科技及软件的进步，会感觉许多工作处理起来是更有系统性，效率也更高，而室内设计师的工作环境也跟以往不同，以下将我在台湾所见的设计公司的人数和部门作为分类的依据，并介绍这些公司的基础工作形态。

（一）设计公司规模分类

规模	公司人数	部门	优点	缺点
大型室内设计公司	40 人左右或以上	1. 设计部门：商业空间设计、住宅设计、私人设计案型及公共工程 2. 工程部门：也分小部门	福利与教育训练比一般中小型公司好，有些公司会采取部门利润奖金制度。	部门分类过细，个人工作上能碰触到的案型变得固定，职位升迁需要多些时间。
中型室内设计公司	20~30 人	1. 设计部门 2. 工程部门	教育训练及福利同大公司差不多。	有的还是会有业务上的奖金制度，但是在升迁上每个部门的人数比大公司少，升迁速度上会较快一些。

规模	公司人数	部门	优点	缺点
小型室内设计公司	10~20 人	设计和工务部分还是会略为区分，但有的会专门偏重业务部分。	学习机会较多，接触的案型也较多样化。	每个人手上要负责的案子会较多也较重。
微型室内设计公司	5~10 人	公司的部门组成更为简单，看公司是比较偏向设计还是工程部分，人数上就会偏那方面较多。	机动性强，十八般武艺样样精通，负责层级较少，沟通对话上也能较直接较快速地反映问题，也就是说在这样类型公司工作你能学得较快速。	负责的工作责任会更多，压力也相较之下会大一些。
个人室内设计公司	1~3 人	人数少。	如果主事者是专业负责的人会学到不少东西。	因为人数少每个案子的负责人通常什么都要会，从现场丈量到绘图做简报、3D、现场监工、收尾样样都要接触，压力也会较大。

台湾的室内设计公司现况

台湾的室内设计公司普遍规模不大，以中小型、微型公司居多，公司人数不多，优势是弹性大、处理案子速度快，为适应业主的需求，人员的工作内容也能快速转变，但有好的一面就有坏的一面，小公司也容易被业主影响，在不合理的时间内因人力上的不足而产生赶图及接案量的限制。

不过与十几年前的室内设计市场相比较，现在台湾的设计环境已经改善、健全了许多，十年前要谈设计费是很困难的，当时设计费都包含在工程款里，画设计图需要创意，需要耗费时间，但只要工程款一砍，设计费就跟着没了，而现在的业主已渐渐能接受使用者付费及专业设计责任分开的概念。

有心想要进入室内设计行业的人，最好先审视自己个人特质，有些人喜欢安稳的环境，可尝试进入大型公司，一个部门接着一个部门慢慢转换，就能学到不同的实务技能。如果个人非常具有冒险精神，未来目标是自己开业，则可以考虑找个中型公司待 2 年、小型公司待 2 年、微型公司待 2 年，多元学习快速转换，磨炼 7~8 年就可以自行开业。除此之外，非科班出身的人，也许刚开始无法找到室内设计公司就职，亦可以考虑室内设计装潢相关产业，例如: 系统柜、办公设备、家具产业，建立好人脉关系，渐渐与市场衔接，较易进入室内设计公司任职。并建议每个工作待满 1 年以上，才能真正学习到公司优点，累积足够的经验。

值得一提的是，室内设计公司除了以人数区分规模之外，也可依案例内容分类，例如：专门承接政府标案、百货商场、餐厅、豪宅、博物馆案例的专责公司，或隶属于建设公司旗下，或为系统家具的专属合作公司，光以公司名称是无法分辨的，新人在面试时最好仔细询问，以确定未来任职后的工作内容，能符合自己的目标。

室内设计公司的收费

室内设计公司的收费往往依品牌商誉、公司策略、设计师经验或营销手法的不同而有所区别，通常初出茅庐的设计师收费为 70~135 元 / 平方米，因为价格便宜而能接触大量客户，并趁此时培养市场人脉。设计费依经验逐年上涨，一平方米 280 元、400 元至 600 多元的都有；然而收费 600 多元一平方米的设计师一定最好吗？一平方米收费 280 元的设计师就不好吗？其实不见得，业界也有平价设计师一步一个脚印，绘图、工法样样精通功力扎实，却没想过出名，虽不是媒体宠儿设计师，却拥有一票长期培养的客户和建设公司，口耳相传互相转介，手边从来不缺案子。

建筑师的酬金，规定依工程款的总价决定其设计费比例，法规目前难以规范室内设计的费用，因为室内设计项目繁多，例如：尽管是 66 平方米的小房子，也应规划水电、动线、橱柜、摆设等，要求五脏俱全，但 230 平方米的豪宅，也许只需要设计师帮忙画设计图和摆设而已，相比之下简单许多，因此单纯依面积收费并不公平。个人认为，室内设计的收费标准，应该依室内设计师的服务项目来定，如画施工图、规划橱柜、规划动线、装饰摆设等，依照个别项目内容，逐项收费。

（二）室内设计公司一天的工作

大部分的室内设计公司有一定的上下班打卡时间，但有些上下班时间会比较有弹性，甚至没有打卡制度，毕竟设计师是很自由的，很多老板会跟你说工作是责任制，这意思是交给你的工作不管花多少时间就是要完成到底的意思，所以如何有效率而正确地完成才是关键。

设计公司一天的工作可分为几个部分，有些室内设计师任职于中大型规模的公司，分工制度明确，只负责内业工作，外业工作就交由工务来处理，所以早上时段大都用来做数据收集、联系客户、内部会议、简报或图纸制作，下午与老板和业主开会检讨图纸，傍晚或晚上继续修改旧图或设计新图。如果是小型或微型公司，设计师就会负责绘图又自行跑工地视察，常见行程就是上午跑工地监造，也许就在工地现场与业主见面讨论修改，下午进公司处理内业，与老板开会，并利用傍晚改图或设计新图。

内业 开会／绘图／联系／资料收集

外业 工地巡视／监工／建材寻找／业务洽谈

有时一个设计师手中可能同时执行好几个案例，而一个案例的过程都长达好几个月，有的甚至是以年计算，此时设计师每天都会十分忙碌；而一年之中，许多业主都会要求在农历七月“鬼门开”前完工，或者农历年前完工，因此六月、七月、十一月、十二月最为繁忙，更是设计师加班的高峰月份。如果是做百货商场的设计公司也是会依照换季、寒暑假及节庆的时间而提早忙碌。

另外，施工现场既闷热又杂乱，切割材料噪音嘈杂，粉尘飞天，环境并不是很好，但新人特别需要体验工地文化及培养工地经验，有经验的施工方和厂商绝对能够教给设计师或工务新手许多实务上的宝贵经验，若能与施工方培养出革命情感，再难的设计案例，施工方也会尽量为设计师使命必达！

除此之外，宫老师希望你也了解的事！

每间室内设计公司都有可学习的地方，不管你先进到哪间设计公司，都建议能待久一点就尽量待久一点，不要待不到一年，三天两头换公司，这对你面试下一间公司非常不利，通常有制度的优质公司，是不会让这样的人进入公司，毕竟培养及养成一位助理或设计师，要跟公司同仁磨合做事的方式是需要一定的时间，当然挫折谁都难免有，不要轻易放弃自己所热爱的事！

每间公司都有一些优缺点，就看你看到哪个面，想学习就尽量往正面的方式来看，有些公司会有些不好的习惯能避免就避免，设计这条路还很长，要学会爱惜羽毛，并且室内设计这个行业说大不大说小不小，很容易被打听到，所以先了解自己适合什么样的公司以及要学习成长的方向目标，再决定去哪些公司面试。

2.2 室内设计学习与工作内容

一定要相关专业才能入行?

虽然自己是科班毕业，但周围有许多朋友是非科班毕业的设计师及公司负责人，而这些朋友也做得相当出色，不乏有名的设计师和公司。他们一开始也是对设计很感兴趣，先到职场及相关行业去做磨炼，慢慢学习后才学到更多相关的设计工作内容，或先接触工程方面再转到设计领域，尤其在早年室内设计的学习是相当封闭的，要学习完整的设计工作流程很不容易，尤其是非科班的人必须花更多时间及人脉关系，通过工地实务的磨炼和现场师傅的教导及前辈的指导，再到绘图设计中去修正，而渐渐锻炼出一身好功夫。

所以我认为要先打破一个思维——室内设计一定要相关专业毕业才可以进入？！我自己也聘用非科班或没有高学历的毕业生，他们的能力也常常让我惊艳，所以学习过程的重点其实是要有一颗坚持和热情的心，在专业中磨炼经验累积知识并在实务现场中实证，这个过程是极为重要的，因为室内设计的专业知识日新月异，不管是设计理论的深化、材料设备的进步、法令规章的变更，都会影响整个设计过程，所以在学习上我将它分成几个面向来看：

能遇到专业且资深的前辈其实是一件幸福的事，你可以少走好几条错误的路，你可以通过他的教导快速地了解公司以及设计和装修工程上的专业知识与技巧，当然这包含好的以及不好的。早期一般的资深设计师学习是比较“土法炼钢”地靠磨炼一步步打下基础，所以要让资深前辈教你当然是需要一点时间和耐性的，建立好你与他之间的信任感，他才有可能把本领交给你，当然你也要有自己的判断力，通过实证或者再问其他资深的设计师及施工方也是个方式。但千万记得，同时你也可能被他训练了一些不好的观念和习惯，所以这时候你心中要有一把尺去衡量对的事与错的事，毕竟你的设计之路才刚开始。

有教育训练制度的公司会让人蛮羡慕的，我以前也有过这样的经历。一方面你可以在工作之余学到更多，另一方面也可在公司内的教育训练中把自己工作上的问题提出来寻求解决。通常公司会请内部较资深的设计师或工务主管来上课，也会请专业的第三方讲授单项工程上的专业知识，有这样的公司能待多久就待多久，毕竟这不是天天有的事。

当然你也可能遇到没有内部教育训练的公司，这时可利用公司补助的教育训练费，在外面寻找你想上的课程。教育训练费也不是每个公司都有，其金额差别也是很大的，有的公司甚至要与你签约，当你受训完后要为公司服务多久，当然这也是看你个人意愿，如果你不想被牵制就只好靠自己的钱去上课。外面的课程大致上可分为计算机软件类、证照训练类、专业设计及工程知识类、设计基础训练等几大方向，最好是循序渐进式地学习，以符合目前自己或工作上需求为重要的选择。

因为科技网络的迅速发展，不像以前的设计公司有许多设计书籍摆在公司的书架上，现在许多设计师大多依靠网络信息寻找所需的数据及图片。这件事有好有坏，在我看来好的是速度上比找书快了许多，数据也因电子化后也较易保存，缺点是因网络资料的来源不确定也较无归纳的分类，吸收知识上会很零散，这不利于设计思维的训练。

实体书籍的参考仍然有其必要

设计过程中有许多前因后果，整合归纳的能力是必须要有的，这点我从许多较年轻的设计师身上看到有不少的案例，实体书籍是经过系统安排的，架构及内容都是筛选过的，另外出处及作者背景也很清楚，这对知识吸收是比较好的事。

不管你是用哪种方式收集你所需要的数据，要记得将数据做系统性的归纳整理，哪怕是看到一张很美很有设计感、你自己很喜欢的案例照片，要训练自己在设计学上的判断，说明你自己喜欢的原因以及不喜欢的原因。设计本身是一种涉及理性和感性的学习，感性的美学有时是很主观的，但设计的美还是有一定可被说明的部分，一张好的图片美在哪里？这部分对于设计养成是相当重要的，有一天你可能会独当一面去跟业主洽谈你的设计或者提案，你如何说出你归纳的美学以及你认为美的地方在哪里，进而让业主认同你而托付于你，要走到这步不是那么容易，需要时间的积累，所以如果你正在学习设计，请建构好你的美学逻辑及思维，以及自己判断美感、信息的正确性。

室内设计及工程都是一个团队的事，绝非是一个人单打独斗可完成的，设计上有许多设计想法最后还是要落实在工程面上，这时专业的第三方就是完成你的设计案中重要的助手之一，每个设计师的养成过程中都会经过与第三方沟通的过程，这些沟通内容包含了材料规格、尺寸、工法、可行性评估、价格、进度等，这些都是环环相扣的，而整体的设计也是需要整合的，所以第三方的经验与看法，在设计与工程过程中是需要被看重且尊重的。

向水电与木工学习

在水电的配管配线上，有时设计图中绘制得并不详细或不清楚配管线相关的路径及方式，在工地中因地制宜的做法，可节省工资及材料，这些较有经验的水电工都会依现况提出他们的看法及做法，有时并不是都适合，但大部分时候他们的经验却可避免一些问题的发生，也会产生更好的品质；还有木工在施作基础天花或壁面骨架时，会考虑板材尺寸并用适合的间距去组合完成基础骨架，这在相关施工图中并不会呈现，但这又与天花板平整度和悬吊力量等品质有关，也需要由较有经验的工人或厂商与设计师协调后完成。

当然你的厂商是必须要有一定的专业能力与你对话沟通，而不是拿他多年经验强压要你接受，这样恐怕无法说服别人，也说服不了你的业主和你自己，跟专业的第三方学习，也是一样经过磨合、了解后才渐渐地知道他们的长处与短处。有时你也需要第二意见，也可询问同工种但不同第三方的看法，因为在室内设计领域中，要完成一件作品或道具会有不同的工法和施工工序，每个第三方所考虑的也会有所不同，这其中也包含时间、金钱和质量，所以你要去理解不同厂商着重的地方和专业的地方在哪里，你自己下判断或与同事讨论，渐渐地也会从第三方中学到不同的专业知识。就我自己来说，我就常和施工工人及厂商对话，通过对话过程问出我想问的问题，以及了解彼此想要的是什么，这部分的学习是快速而且方便的。

Chapter2

室内设计师的
职场工作与环境

2.3 室内设计师的薪资现况及分类

实力 > 学历

室内设计师的工作薪资与学历的关系并不大，而通常是以年资、绘图速度、软件运用数量、专业证照持有、设计能力等为主要考虑因素，其次才是学历、工地经验、参与案子。也就是说年资代表着你进这行的经历，而绘图速度代表你的产值、软件应用代表着你的价值、专业证照代表你的专业能力与学习能力、设计能力代表你的创新程度与见解，这些都是一般公司在面试上会特别注意的几个重点。

而你的薪资也会依上述的内容有所区别，如果你是名校又有应具备的能力，通常薪资都不会低，相对也会比较抢手。如果没有傲人的学历也没关系，设计公司的关注重点是你在专业上的表现。室内设计师是一项技术性的职业，而非炫耀的职业，设计师一词往往很吸引人，但实际进入这行后却又往往待不久，很难持续很长一段时间，也因为这个行业需要投入大量时间来处理每个个案，往往自己学习的时间就越来越少，也很容易跟新的知识技巧和趋势脱节，最后都有力不从心与倦怠的感受，如果加上老板没有特别赏识或实质性奖励时，又更难留住人，所以往往许多应聘来的人年资经验上都很浮动，也造就自己的薪资一直处于一个低薪阶段。

稳定度也是薪资成长关键

如果想要有一个高薪的开始，你的稳定度很重要，毕竟适应一个环境并将所学上手，再到有产值会依每个人自己的调适能力决定，这也决定你在这间公司未来发展的位置。或许主管不一定会说，但这些都看在眼里，相对要培养一位新人或适合公司可用的人其实很不容易，因为许多新人会受利益所诱以及不想听人使唤的心情转折而选择自行创业的态度，都会影响公司是否要重视你及为你加薪的可能性。以下就一线城市的现况，以职位高低为依据，将公装设计师的薪资（均以人民币“元”作为单位，后同）做一个区间的分类。

分类	公装设计师 一线城市 薪资状况（RMB）
设计助理	底薪 3000~4000 元 / 月 + 年终分红 + 季或月奖金
主案设计师	底薪 5000~7000 元 / 月 + 年终分红 + 季或月奖金
首席设计师	底薪 10000~15000 元 / 月 + 年终分红 + 季或月奖金
设计总监	底薪 20000~30000 元 / 月 + 年终分红 + 季或月奖金

此处所指的非系统柜或其他装潢业及厂商的设计师，而是在室内设计公司从事室内设计工作的设计人员，并且不以学历做薪资分类，因为在这些阶段中学历真的不是很重要，你的实力才是重点。另外，薪资上也会依公司规模大小的不同而有所不同，所以是以区间表示，但这不代表业界就是以此薪资为计算基准。

薪资费用是很多人决定是否入行的标准，但并没考虑时间成本付出的问题，在这行有许多人因长年熬夜工作累积，身体多少都有些职业病，所以还是要把你自己人生的价值与喜好拿出来衡量一下，而非单纯只看薪资数字。基本上薪资的调幅会随年资渐渐拉大，所以一开始入行会比较辛苦，这也说明这个行业所需的技术性是偏高的，一旦你的经验及技术能与你的年资成正比，那你应该就会有不错的薪资，再加上证照的取得或者再进修学习的话，甚至有可能高过我所说的区间薪资。

设计师的金计算方式

奖金的计算方式每个公司都有不同，举例来说，设计界有分成月薪制及奖金制两种，月薪制就是不管你做多少案子就领当月薪资，有的会有加班费有的则没有，要看公司的制度。另外奖金制又分为底薪＋奖金制和月薪＋奖金制，底薪＋奖金制是以较低的底薪加上接案或操案后结案的盈余提拨一定的百分比作激励奖金，整个案子扣除工程成本及营运成本后的结余提拨奖金，会依公司的职位高低及负责的工作内容如项目、助理、主管等不同阶级有不同的百分比提拨，有个案奖金、季奖金、半年奖金及年度奖金，依各个公司制度而定，而这种底薪制的提拨百分比会高一些，底薪则较低，多半是在相关室内装修及设备材料商等周边产业会较盛行。

而月薪＋奖金的制度则是一般设计产业会有的，通常是在发包前有做预算书的设计或工程公司，当发包执行预算时所节省的费用或者结案后的盈余提拨一定的百分比作奖金，一般会以季奖金和年度奖金为主来拨发，同样的会依职位高低及负责内容的不同提拨不同百分比作奖金，一般从盈余的 3%~20% 都有。

种类	计算方式	适用产业
底薪＋奖金制	低底薪，加上接案或操案后结案的盈余提拨一定的比例作激励奖金。	常见于相关室内装修及设备材料商等周边产业
月薪＋奖金制	发包前有做预算书的设计或工程公司，当发包执行预算时所节省的费用或者结案后的盈余提拨比例作奖金。	一般室内设计产业

Chapter3

室内设计和
装修工作内容及流程

3.1 室内设计流程与内容

现场勘察照片

在室内设计的执行流程中，会分为设计部分与装修工程部分两个阶段，如果案子需要经过审查还会有送审的流程，本章节仅就设计与工程部分进行说明，各阶段工作流程说明如下：

室内设计流程

室内设计的流程会依公司大小及人员多寡、案例的复杂程度，而有不同的操作流程，下列程序为归纳一般案例中常见的操作的程序。

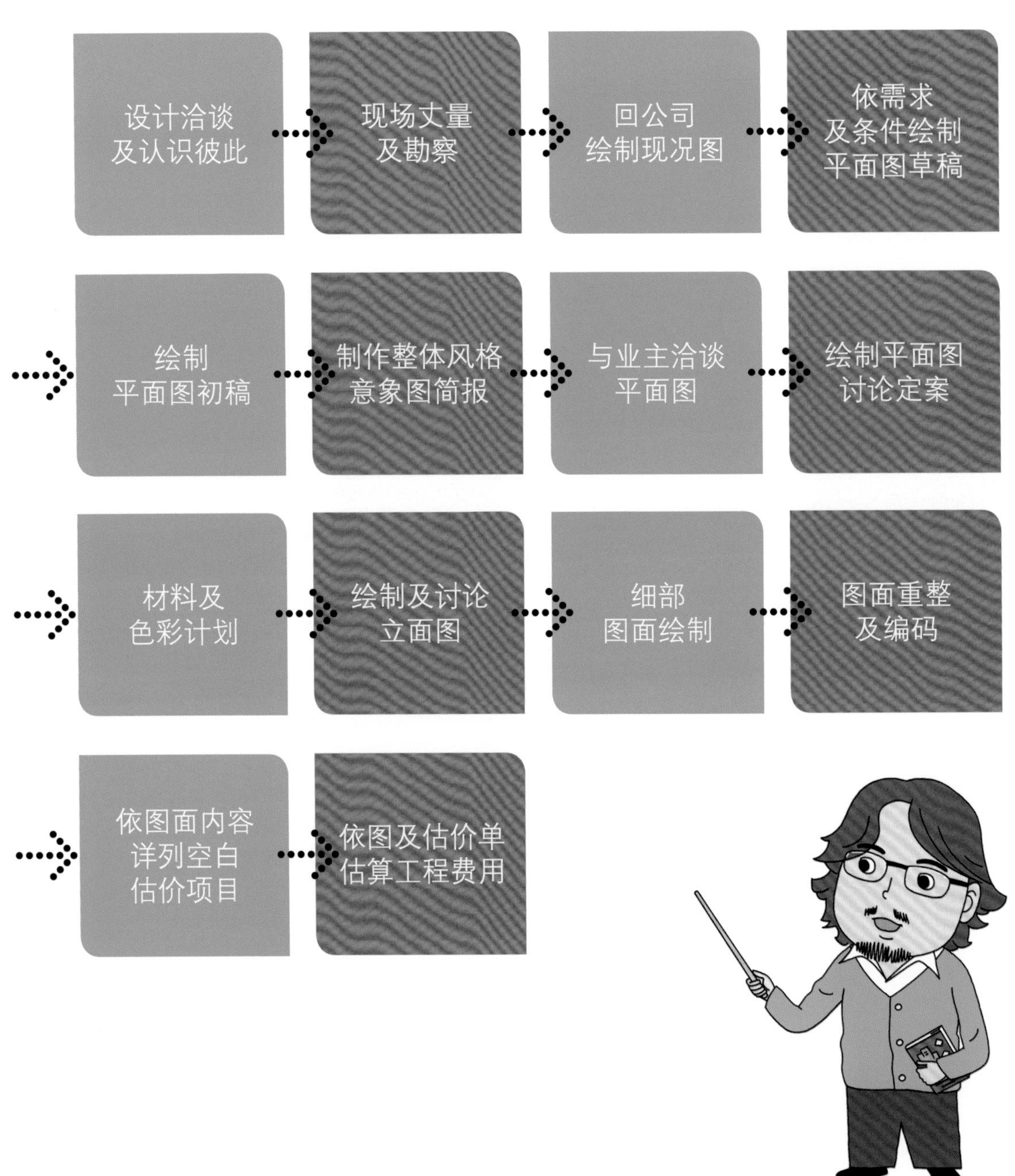

设计案子最开始的流程是从了解业主需求及双方彼此认识并展现专业的时候，通过个人或公司的作品展现设计能力并为后续提案及签约做准备。在去面对业主之前最好把作品集及能表现个人及公司能力的案子做好整理，重点是在于取得一种专业的信任和热诚的服务。

经过最初的认识后，当你争取到或业主请你提案时，接下来要做的就是去现场丈量及勘察，把业主要设计的空间尺寸丈量回来画成现况图，并作为设计的底图。当然一旦过去不会只丈量尺寸，也必须通过丈量过程观察现况的问题，并做好记录，这问题包含环境物理面的风向、日照方向、噪音等，还有现场损坏或可能是违建等问题，这些都是与你做设计有关的信息，如果能进一步关注到别人或业主没关注到的问题，将有助于你在专业上的表现及提出的问题解决方法。〈关于丈量，详见 4.1〉

将现况测量图拿回公司，依现场尺寸用 AutoCAD 绘图软件绘制设计的基本现况底图，并标示现况尺寸、门窗高度、高程变化、梁位、现况问题、结构材质、文字说明等。

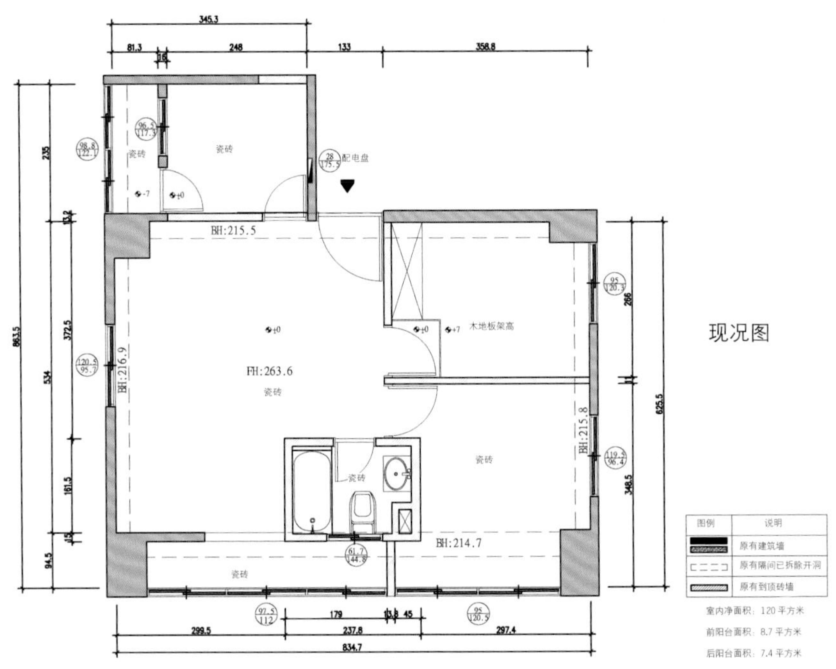

4 依需求及条件绘制平面图草稿

将之前与业主访谈的资料及现况的信息收集后，并整理出可用的信息或做成表格，在底图上用铅笔及比例标尺划格局。这里要提到的一个重点是，尽量不要一开始就在计算机上用 AutoCAD 软件做设计，这会限制你在思考过程中的速度，我常看到不少年轻设计师会这样做，这并不是个好的习惯，我们用比例尺及铅笔或色笔在底图上规划出适当的格局及平面配置，这种方法有助于你在思考平面构成及空间尺度上的逻辑以及归纳业主的需求，计算机上作业容易只专注于计算机软件上的操作，而忽略设计上的整合。

所以将设计好的格局及配置在底图上套绘后，可以看出和现况的差别以及日后要动格局的范围，在图面上的结构墙、柱中上色，不同颜色代表新做或现况的结构墙，方便后续进到计算机绘图中的识别，依此过程可提出 2~3 个平面配置样式，也就是说设计上的可行性不会只有一种样式，经过不同逻辑及权衡后的设计会有不同的样貌，这也是设计助理或资历较浅的设计师必须学习的过程及习惯的养成。

透过初步的手绘草稿后，用 AutoCAD 软件绘制平面现况图，下列几个部分说明是在现况图中要注意的要项:

a. 比例要清楚，通常是在 1：60~1：50 的比例，除非是大面积的豪宅有可能会出现 1：100 的比例。

b. 平面符号、文字标示、尺寸要清楚正确，避免误读信息。

c. 要有新旧墙的标示，并在图面一角用图例表说明清楚。

d. 图面的轻重、粗细要明显，可把平面图上的线条做分类，视觉上也能有较佳的阅读感和方便日后计算机上线条的图层管理。

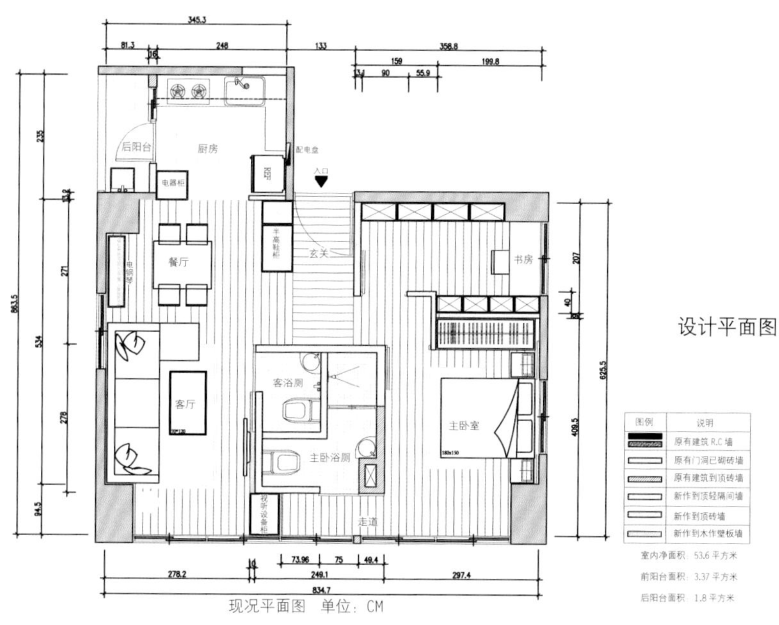

现况平面图　单位：CM

当平面设计拟定时，也代表后续的立面设计即将展开，这时影响整体风格造型的立面就必须在此时先有初步的想法，当然业主在之前可能跟你说过他要的风格或样子，但有时设计上的风格“形容词”可能会造成彼此认知上的不同，而这些形容词不管它是从别人口中听来的还是报纸、杂志、电视上看来的，最好还是由你自己再重新定义一下。

经过设计意象图的收集筛选，找出业主想要的风格或你认为合适的设计风格图片，并和平面图一起进行后期制作（编排美化、上色等），做成简报文件，这通常需要花费一些时间。有些公司也会在此时制作 3D 图一并放入简报，让业主更清楚地看到未来空间呈现的样式。不过要注意的是，此时还只是初步讨论，有可能会再修正，制作 3D 图的时间及成本较高，最好先评估一下再决定是否制作，相关简报制作会在后续做详细说明。<关于简报，详见 Chapter5>

将绘制好的计算机图面输出在 A3 尺寸的图纸上，这是室内设计常用的尺寸，当然也可依图的大小做调整，如有些商业空间中的小专柜放在 A3 中可能会显得过小，可用 A4 输出。不要忘了图面上要有图框并且有最基本的三个大栏位——标题栏、附注栏、修改栏，通常每间公司都会有自己惯用的图框字段，只要套用即可，并在字段中打上相关案例及图面信息，以免日后图的数量一多反而易造成混淆，这也是一开始要做的设计管理中的重要工作。

一般来说可于后续的简报制作完成后，再一起与业主讨论设计，速度上会较快，内容上也较丰富，当然你的平面配置也可以有几个不同的备选方案，有时你觉得不错的设计不见得业主会想要，他们可能认为其他的方案较佳。当大致上的平面讨论出一个定案或下次修改的方向内容后，可就后续的风格、材料、家具、获利面进行讨论，方便日后设计及再多收集些后续可用的设计信息与资料。

将讨论后的平面图做修改，当然这个过程有时不见得只有一次，有时来来回回地不断修正，简报亦同！最后会有一个确认的平面图，而后续的平面系统图及立面图将依此平面图发展下去，如果后续要改平面图将牵一发而动全身，将是每个设计师最不乐意见到的时候，但你说会不会发生，是有这个可能性存在，所以很多后续设计部分在展开前，务必要跟业主说清楚时间及费用上的增加，才能避免后续问题。

意象风格在经过几次的讨论定案后，接下来就是要将材料及色彩做基本的计划及选择，这时要注意的是，不是每个案例都会让你随心所欲地配置以及无上限地使用昂贵材料。所以做材料计划的目的，其一是要控制设计是否与当初所提的意象相同或类似，其二是要能控制预算，室内装修的材料千万种，每个案例基本上都有一个预算范围，在选择过程中除了要考虑美感与质感的搭配，也要实际考虑最终所要花费的造价，以及材料在施工上的适用性和使用上的功能性等，一并在选择材料过程中检讨。

当然材料选择的过程也不是一步就能够完成的，是必须来回检验并与业主讨论的，强加你对材料的使用想法给业主，反而会适得其反，在实务上最好用“建议”的方式慢慢说服比较好。另外，在选择上也要考虑与“既有”家具的搭配，有时业主的家具不会全部换新，会延续使用或者更换颜色，所以在之前的数据收集中要记录并留存家具的颜色、尺寸、材料等，方便后续搭配室内装修的材料。

当材料和色彩计划大致拟定时，可就确定的平面样式展开立面图的绘制，立面图的绘制表现主要看出空间中四向立面的材质分割、造型样式、尺寸位置及天花和立面高度的关系，所以必须在“空间结构内”（楼上楼板及当层楼楼板都要画）画出这些内容，所以一开始主要先确认哪些空间的立面是有设计的，要展开哪些立面，先在平面图上画上剖立面展开符号，这就是总图中的平面索引图。依空间动线顺序将立面范围内的结构样式位置及尺寸（梁、柱、板等）绘制完成，再依平面及意象图简报及设计的立面样式，绘制天花板高程造型变化和立面样式。

最后标上材质、尺寸及相关图学的符号，切记在立面图上一定要有高程尺寸及宽度尺寸，能让后续的施工者了解你要表达的分割方式及材料铺贴的地方，不要不清不楚，否则容易造成误判误读，而导致后续成本及现场修改的问题。当然最好在绘制完立面图初稿时能和业主讨论立面样式，这其中包含材料的使用及位置、尺寸的大小、造型上的风格变化和使用上的机能和功能等，再进一步看是否要修改或调整，实务上立面通常很难一次完成，有时要来回几次才会最终定案。在整套设计图中最耗时的就属立面系统图，不仅是数量最多也最琐碎，往往修改一面就要跟着改临接的两个面，以及要检讨的美学和使用上功能的部位也很多，不可不花些时间细心地完成。

在立面上有时会有比较细节的设计，不管是在材料接合、细微尺寸转折变化，还是不同部位交接面的处理等都需要另外画出详细的细部大样图，说明你想表现的地方及部位的做法，有时“魔鬼”就藏在细节中，资深的设计师是要有绘制细部大样图的能力，而这绘制能力须尽早培养，从工地实务上及对材料规格的熟悉上等一步步建构绘制细部大样图的能力。

通常细部大样图会在立面确定完成后，在立面图的相关部位绘制细部大样符号，说明这里有细部大样详图要参照，看图的人会翻到后面去看所标示部位的细部做法，当然一般细部大样的内容就要更详细，不管是材料尺寸、材料规格说明、接合部位做法都要很详细地画出，比例上通常是在 1：10~1：3 之间，有时偶尔也会有足尺大样 1：1 的比例出现。

12 图面重整及编码

将绘制好的平、立、剖、大样图和总图做检验，安排图面顺序并编好图号及张号，最后绘制图面目录表放在施工图的最前面，让看图的人能了解你的图面安排顺序，以及查询他要看的图的位置。

13 图面完成后的估价

估价一般分为图面完成前、图面完成后以及施工中估价三类。图面完成前估价，是在整个设计案还未完成或还未签约时，针对整个案子做粗略的估算，只能称作概估；图面完成后的估价，是依据整套设计施工图的信息内容，做详细的数量计算和工程项目的填写，对于整体工程费会有较准确的费用出现；而施工中的估算会因施工地点的难易度及复杂度而改变，通常师傅会看过现场后再进行最后的报价，并做数字上的调整，此时的估价称为实施估价。有关估价上的详细问题会在后面章节中详细说明。＜关于估价，详见Chapter7＞

宫老师觉得 你也该知道的事！

每家公司在设计流程上都会有所不同，可能你的职场生涯中会遇到不同的工作习惯和方式，我想这是你必须适应的地方，每间公司的流程或多或少都有其优缺点，你应该趁这时学习起来了解内容，也或许你自己的方式可以更好，适度的建议或更改流程也未尝不可。以我来说，是相对较尊重设计师自己的设计流程和工作流程，只要在规定时间内能交出该有的东西即可，但牵涉内容表现上的统一就必须要有规定。

Chapter3
室内设计和
装修工作内容及流程

3.2 室内装修工程流程与内容

室内装修工程中的流程及项目会因工程复杂的程度有所调整，基本上可分成几个大工程项目，如假设性工程、结构性工程、造型工程、机能收纳工程、装饰性工程、环境设备工程等。

工程分类	包含项目
假设性工程	拆除、安全维护、现场放样、临时水电等。
结构性工程	新砌砖墙、木或轻隔间墙、钢筋混凝土墙等。
造型工程	天花板、壁板、地板等。
机能收纳工程	木作橱柜、系统柜、厨具、室内高矮柜等。
装饰性工程	油漆、壁纸、地毯、塑料地砖、窗帘、清洁等。
设备性工程	机水电、弱电、卫浴设备、厨具设备、空调设备、灯具设备等。

这些工程也会因为内容多寡、复杂度以及时间成本等因素，其施工的先后顺序也多少会有些调整和交叉配合施工，而并非一成不变。好的施工管理流程是在多年的经验及合理的安排下进行的，而要使工程顺利进行，物料及人员机具的调配也是非常重要的项目。以下仅就常见的一般施工细项流程做说明。

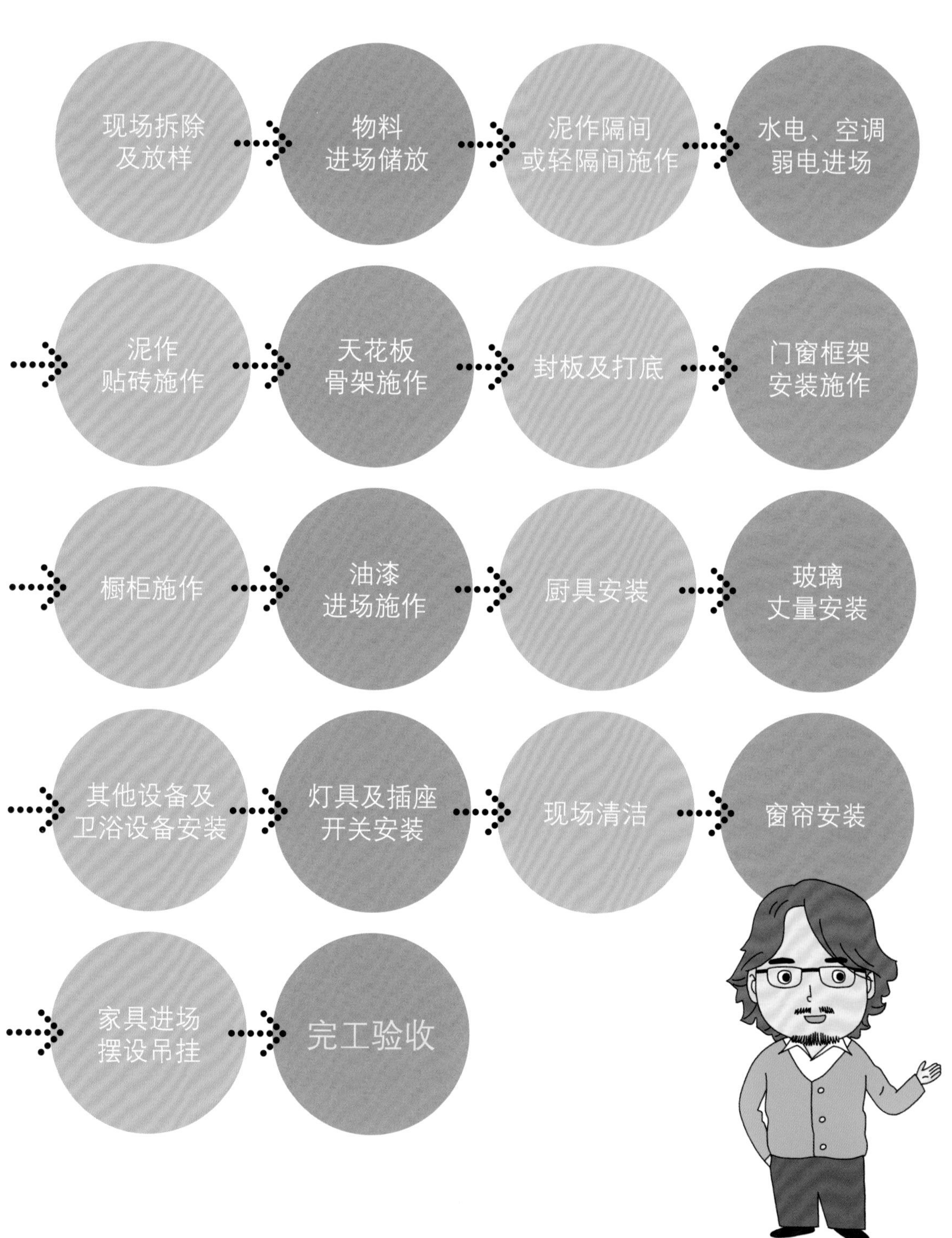
现场拆除
及放样
物料
进场储放
泥作隔间
或轻隔间施作
水电、空调
弱电进场
泥作
贴砖施作
天花板
骨架施作
封板及打底
门窗框架
安装施作
橱柜施作
油漆
进场施作
厨具安装
玻璃
丈量安装
其他设备及
卫浴设备安装
灯具及插座
开关安装
现场清洁
窗帘安装
家具进场
摆设吊挂
完工验收

进场施工时针对现场标注拆除部分进行拆除，拆除清运完成后，于现场进行水平基准高度放样及隔间位置放样。标注现场放样时要依据图上的放样基准点及位置进行弹线标定墨线动作，使所有后续工程能依此进行量测施工。

将后续工程的物料陆续搬运至现场，但物料堆放要考虑后续施工动线，避免影响动线造成施工阻碍。一般来说泥作材料较占空间也较重，大部分是一次性的搬运及储放，所以事前的数量计算就要注意。木料部分较轻也易变形受损，现场缺料而再送料的速度快，一般在整个木作工程中都会送二至三次的料到现场。其他易碎的物料如玻璃、大理石等，要与地面隔离并且尽量在施工当天再进入现场为宜，还有易变形的门片塑料地砖和易燃的油漆等物料都要有适当的放置位置及方式。

依图面及现场放样位置将不同隔间种类依序施作，一般现场会从泥作砌砖墙隔间开始施作，等泥作退场后再由木作进场施作木作隔间或轻隔间，但要注意的是避免木作和泥作同时或重迭施作，木材容易有潮湿含水现象而造成日后木作上的虫害和变形的问题。另外，机水电配管后要确认无误才能打底或封板。

隔间施作原则 依图放样标定隔间位置 » 依隔间种类施作结构底材 » 配管线 » 粉刷或单面封板 » 检查位置及品质 » 双面封板或细粉刷

地面管线位置标定

地面管线配管

隔间内配管线

天花板上管线拉设

隔间内配管线

封板出线

隔间内配线完填塞岩棉

机水电工程是分段施工的工程项目，不会一次施工到位，而是配合其他工程施工埋设在墙体、天花、地板中，可分为配管、拉线、安装、测试调整等几个步骤，所以很多水电及弱电厂商会同时进行几个工地，依工地彼此进度不同来回穿插施工。

空调施工会依空调形式不同施工方式而有所不同，一般家居空间内可分吊隐式及壁挂式空调送风机两种，而室外主机大都以气冷为主，之间的连接靠的是铜管，冷媒在铜管中透过主机做热交换的原理达到我们所要的温度。如果是吊隐机形式就要配合天花板施工先将送风机吊装于指定的楼板下位置，并把铜管及排水管安装拉设到指定位置后就可让木作施作天花骨架。壁挂式空调有的也是要先做管线拉设动作再做天花板，等到最后整体工程接近尾声时，再进行主机安装、衔接、灌注冷媒和运转测试等工作。

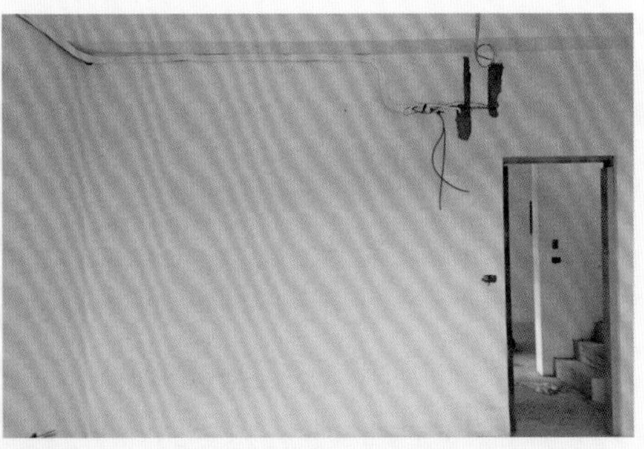

壁挂式管线配置

壁挂式冷气

壁挂式户外散热主机

保温软管

集风箱位置固定

封板开出封口及维修口

吊隐式冷气主机及配管

集风箱

泥作面饰材都会在泥作进场施工一并施作，等泥作隔间工程完成后就会进行贴面砖或贴大理石工程。一般室内地面面砖会用硬底施工，大理石地面会用软底工法施工，而像浴厕或厨房壁面砖就会用硬底施工，当然贴面砖之前的水管配管及试压都要完成后再做防水工程及贴砖。施作壁地砖或大理石最好有瓷砖计划及大理石分割图，这样贴起来的美感会多一些而损料也会少一点。另外，大理石或瓷砖在遇到阳角或转角时最好用 45 度背切接合，不然视觉上会不美观，当然你不用这种方式而直接用 T 字接法或转角收边条也可以，尤其是在无法争取到比较好的施工价钱的时候可用。

6 天花板骨架施作

天花板工程都是在隔间工程后施作，依图上位置高度及现场放样的水平基线，施作造型基础骨架，等待水电及空调相关管线拉设完成无误后再进行封板动作。

依工法分 明架天花 / 暗架天花 / 半明架天花 / 吊板天花（水平） / 吊板天花（障板天花）（垂直）

明架天花

半明架天花

暗架天花

吊板天花（水平）

吊板天花（障板天花）（垂直）

依造型分 平顶天花 / 复式天花 / 造型天花 / 流明天花 / 镂空天花

平顶天花（加灯盒）

复式天花

造型天花

镂空天花（格栅天花）

等机水电管线拉设完成后，就可进行天花、隔间封板及泥作隔间打粗、细底的动作。泥作砖墙隔间会先打粗底之后再打细底，木作天花会开始上胶封板，木作或轻隔间先填塞玻璃纤维棉或岩棉后再进行封板，并在壁面上挖出预留插座和开关位置孔洞，再拉出线头。

硬底打底

等待干硬

地面铺贴完成安装卫浴

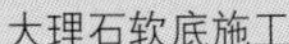
大理石软底施工

大理石铺贴完成

门窗的施工最好在泥作施工尾声时一并进场施作安装，会先放样水平及高程后安装门窗框，对外窗框须在四周填塞防水水泥砂浆（断水路）以防止外面水气进到室内产生壁癌现象，最后完工时再安装窗扇。施作门框及门扇的时候要注意地面施作的高程，是否有垫高而导致门扇无法开启的状态。

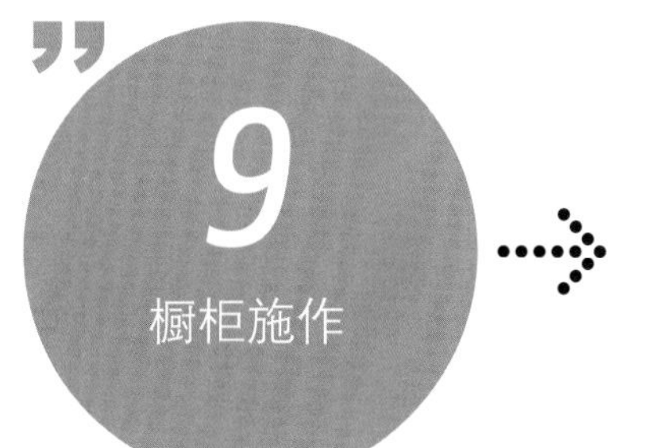

目前室内装修的橱柜工程可分为木作和系统橱柜两大类，木作部分由设计师依业主需求加上设计师的创意造型做设计，而系统柜部分也是近几年来相当流行的一种做法，一方面比木作橱柜速度快价格上也相对便宜，但在造型变化上就比不上木作。在设计时最好能多与业主讨论各式橱柜的机能及使用方式和摆放的内容物。

举例说明 例如衣柜上的使用，男性与女性在衣物上的摆放储藏各有不同，像是西装及领带收纳，风衣及一般内衣裤收纳，常穿的及换季时暂存的衣物还有棉被等，有的还有保险柜及珠宝和高级包包，都需要先讨论完整后才能画图。

再细想造型及施工材料与配件，否则会很难做到业主满意的橱柜。系统柜部分最好先让业主知道你要用的板材，因为系统柜不是一般用的木心板，是片粒板（压缩板，木屑加压合成），在使用年限上不及木心板久。所以现在也有另一种做法是门片用木心板做，桶身用系统板做。

另外五金配件的选择也是要注意的，这牵涉使用方式及机能，最好先与系统柜厂商讨论一下，由他们做更好的建议以及桶身内分割的方式，如果你的设计不依照板材既有的尺寸设计，易造成损料过多而增加费用。

系统柜的施作时间与木作不同，系统柜是在最后油漆完成后再一次性进场组装，通常要一到三天的施工期，可缩短整个施工期。

油漆的施工都是在木作工程尾声或退场后再进去施作，可分为木作及板材的面漆、水泥壁面面漆、金属面面漆。现在的环保意识高，所用的油漆材料都属绿建材，除了部分金属或木器漆会用稀释剂调和使之浓稠度均匀，当然目前也有所谓的环保护木油，由天然木材提炼，只要涂在木材表面即可，是一种环保健康的天然保护漆。

除了最常见的面漆就属水泥漆及乳胶漆，而在施作面漆时要先批、补土后再上底漆再上两次面漆（一底二度）。金属漆要先将金属表面油质去除后，上防锈漆再上底漆和面漆，任何油漆施作时要注意环境的粉尘及空气湿度，它们都会影响表面油漆的质量。

在油漆施工中刷有色漆时要注意面积大小及混色搭配问题，易产生彩度及明度上的变化，要刷时最好先在墙上刷上一定范围做确认后再全面涂刷，以免跟原来所要的色感不同。

厨具也是属于系统柜的一种，也是在事前与业主沟通其需求后，将厨具设备种类及收纳需求做一个整合，这部分最好由专业的厨具公司来规划，设计师要做的工作是将与业主沟通后的信息转成基本设计图面，并给绘制厨具的施工图，它与系统柜一样其板材有固定尺寸，所以在设计上最好也要依其规则去设计。工程上在施工时也会在最后安装系统柜的时候进场一次安装完成，厨具施工时要注意与天花衔接的管线维修孔留设，方便日后更新排烟管，以及地板收边板的封板防止虫害问题。另外在厨具设备器具选择上要注意电压及尺寸，防止安装不下去要改或电压不同的状况发生。

玻璃丈量是在木作成形后或门窗框安装完成后再去现场依实际完成尺寸去丈量，玻璃丈量前要先确认日后要用的规格厚度，确认木作及门窗框是否有预留相当厚度的尺寸，并在安装时有移动调整的空间，避免尺寸刚刚好，否则会很难安装。另外镜子安装作业在最后阶段与玻璃一次安装亦可，有时门窗框玻璃会因安全及门禁关系先行安装，最后才安装镜子，门窗框安装完玻璃后要打上硅胶收边，在二十四小时内不要移动等待干透，并在玻璃上贴上警示条提醒后续施工的人。

卫浴相关设备则是在泥作壁地砖施作完成后即可安装，但有时怕工地现场被弄脏或被破坏，会放在工程尾声时和灯具一并安装，浴厕的五金配件也可同时安装。在浴厕壁面安装配件钻孔时要注意避免破坏壁面瓷砖，电钻要更换钻头及调整速度与震动模式，以防壁面被破坏，如原本隔间是用水泥板轻隔间施作，最好在预锁挂设备相对固定位置，在隔间墙内补强铁板或铁件方能挂锁，否则设备会有不牢并且轻隔间变形的问题。

灯具安装是依据天花板灯具图，依尺寸由木作或水电将天花板依灯具孔径开洞，并拉设电线将灯具连接串联。插座则是依照水电开关位置图去安装，图面上会有壁面开关数量和控制方式，之前水电已照图面拉设完成，只要把选用的开关数量与插座链接即可，并测试其控制状况，通常这部分工程也都是在油漆完成后进行。

当几乎所有主项工程都大致上完成后就要全部退场，并将现场施工机具、废弃物、材料清运或退料，将相关保护措施掀起，进行细部清洁动作，通常是委托外包的室内装潢清洁公司来处理，他们有一些特殊的清洁工具及清洁剂能去除工地所残留的污渍，但如果是已渗透到一些材料底部有可能无法去除。另外清洁时会有一些清洁溶剂，有可能会与地板砖缝及木皮表面漆产生化学变化而导致变色的情况发生，所以清洁前最好由专业的清洁公司去现场看一下，并告知相关的注意事项以防清洁完后的问题。

因为窗帘怕沾染灰尘，所以是在清洁完工后进去安装，安装前要再确认一次相对窗帘位置及图样。安装后要测试是否开启正常、有无不顺畅的情况，有些窗帘布料易产生皱折，要用手提式蒸气熨斗将窗帘折痕烫平并整理调整其窗帘样式。

家具在工程全部完成后进场摆放，家具的风格在设计完后就会定出一种风格，业主可依照设计师建议选择，因为设计师在设计时也会就空间风格做家具上的搭配，经验也较为丰富，在整体搭配上的协调性也会较佳。最好设计师能提供家具图集或带业主去家具店走一趟，选择家具及花纹、颜色等，较能确保设计的完整性，当然有时业主会担心设计师再从中多赚差价，就可在设计完成后提供家具颜色形式及尺寸，让业主照这些方向去选择也是可以的。

18 完工验收

验收是整个工程中最后的一项工作，也就是与业主一同验收整个工程的质量。在验收时要准备一张验收表跟着业主一一检视所有工程项目，将业主所提的要修缮及改善内容做记录，并双方签字，约定何时完成并再次复验。一般来说，验收顺利会让后续收尾工作少一点、请款也快一些，反之则有可能让你陷入没完没了的困境中。

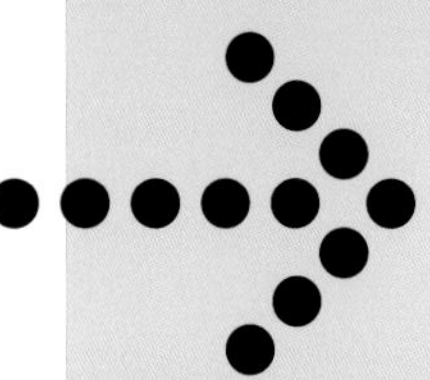

PART2
培养你的设计专业

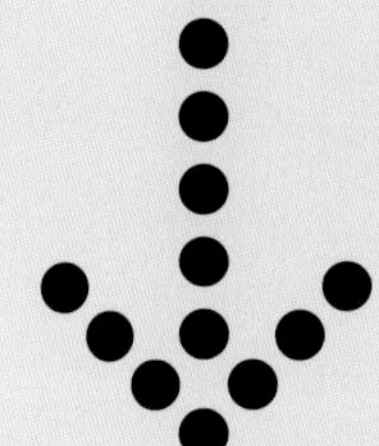

设计与观念

Design & Concept

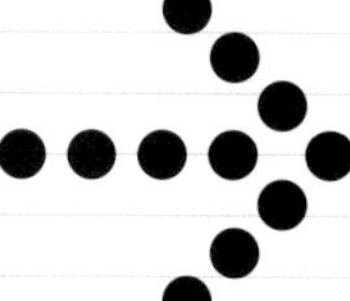

10 分钟看懂室内设计必备设计与观念

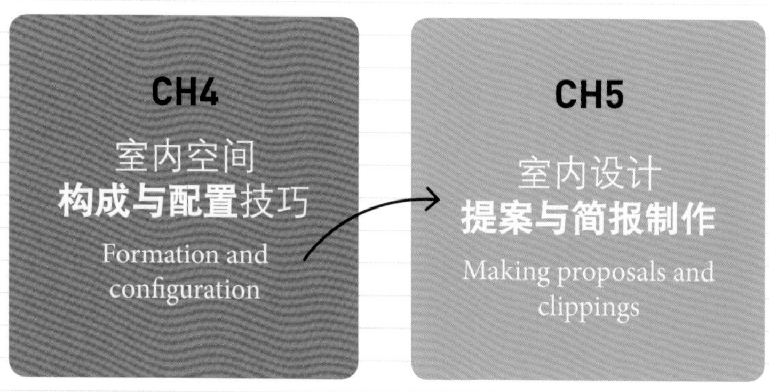

CH4

4.1 现场丈量技巧与工具

室内设计及装修过程中，都必须清楚地知道原始空间的现况尺寸，才有办法绘制**现况图**与后续的**施工图**。

方法 1 从使用执照图或建筑图上了解。

方法 2 亲自到现场空间丈量。

- 2 人一组，1 人量测、1 人复诵一次后记录。
- 从哪开始（通常是大门）到哪结束，顺时针丈量不可间断，包含门及窗框。
- 大小空间丈量完成后，一定还要量测十字尺寸（空间的最长和最宽的尺寸）。
- 要丈量并墙的厚度判断材质。
- 拍照也是依丈量方式顺时针拍照，每个空间最少 2 张照片，越多越好。
- 记录损坏状态与其他注意事项。

高程测量重点

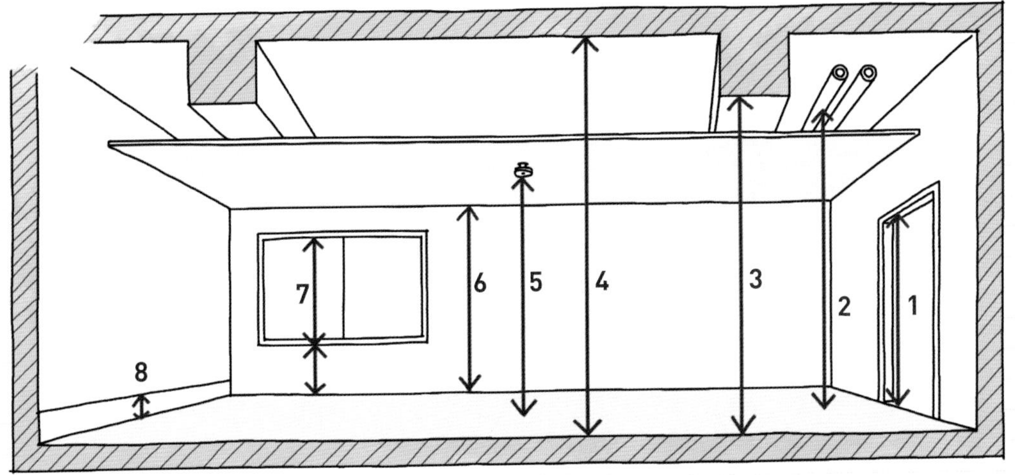

1. 门高（含框） **2.** 管线高度（天花上） **3.** 梁下高度 **4.** 楼板下高度 **5.** 洒水头下高度
6. 天花板下高度 **7.** 窗台高度 + 窗户高度 **8.** 踢脚板高度或地板垫高

4.2 室内空间底图放图法

丈量空间现况尺寸后，接着要将图纸上的空间格局及尺寸放出来，一般使用 AutoCAD 软件进行绘制，精准度相当重要。一般熟手放一个 100~160 平方米的住宅空间，约在 1 个小时内可放完空间尺寸格局，不包含调整图层、笔宽、标注等细项工作。

方法 1

柱中心放图法

以柱中心尺寸为基础，将 X 轴及 Y 轴的柱间距尺寸放出来，在将柱的尺寸放到其交叉点中心上，再开始绘制外墙及内墙格局。

应用 ›› 大面积空间如卖场、饭店，或还没完工的建筑空间。

方法 2

连续尺寸放图法

依照丈量时的连续尺寸，依序由大门开始绘制外墙及内墙位置和门窗的间距尺寸；这种绘制法较为细致，但有时会因丈量的公差而无法衔接封闭，此时就需用大十字尺寸去校正公差。

应用 ›› 常使用在一般住宅或小型商业空间，有既有空间并可实践丈量之处。

方法 3

混合式放图法

利用上述的两种方式混合绘制。这方式比较复杂，要不断地在软件上量测所丈量的空间格局尺寸与结构的间距尺寸的关系，通常会有准确的平面尺寸图。

应用 ›› 常用在较大的空间且有更复杂的室内隔间格局上，如建筑物公设空间。

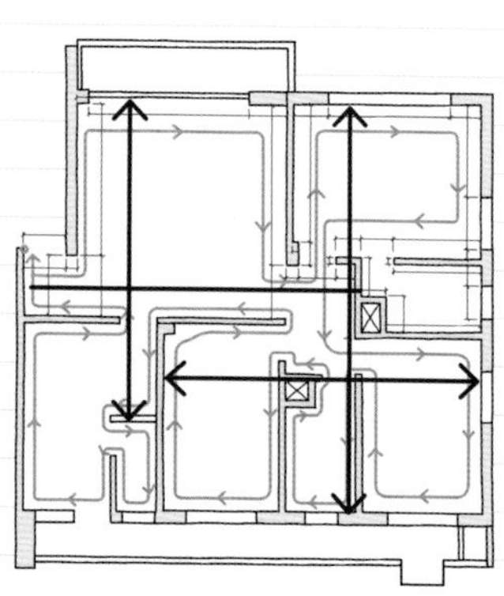

4.3 设计序列的展开与思考

序列，指对事情及物件的安排或次序。序列的思考在室内设计领域很重要，室内设计中的序列安排范围有格局、动线、橱柜分割、立面、家具配置、工程进度等。

例如：格局安排上，客厅、餐厅等公共空间设置在外侧，较为私密性的卧室等私人空间安排在里侧；橱柜收纳思考时，重量轻的常用的放中间、较重的常用的放下方、最轻的不常用的放上方。

序列是规划思考的方式之一，我们也可借由以下三种图表达到与序列规划类似的效果。

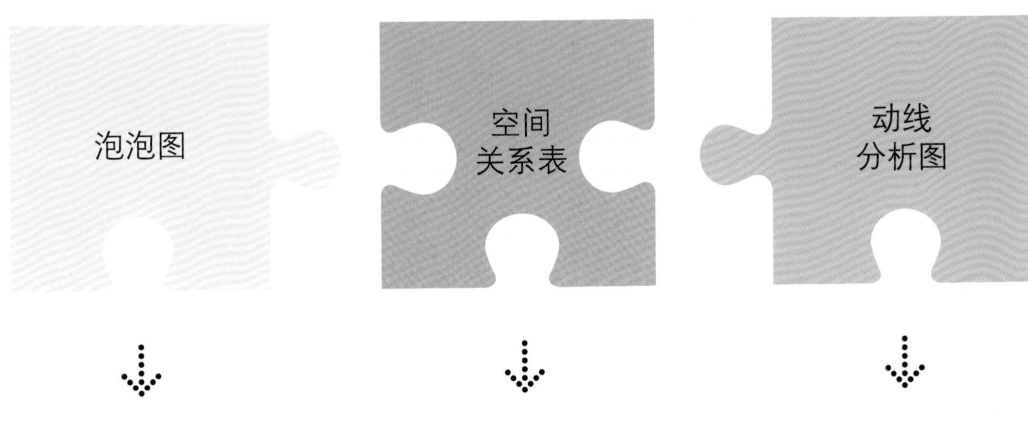

通过需求及判断安排泡泡的相邻关系，有支援效果的放在一起，而诉求相冲突的则彼此做远离。

通过矩阵表格检讨各空间的关系强弱并做适当的安排，目的也是用来构思支援空间和干扰空间的配置。和泡泡图并用，以此发展出适当的居家格局安排。

人在空间中的移动路线是否顺畅，会因为格局或家具的不良设置而受到干扰，这些都是设计师该一并思考的问题。（商业空间会比较常用）

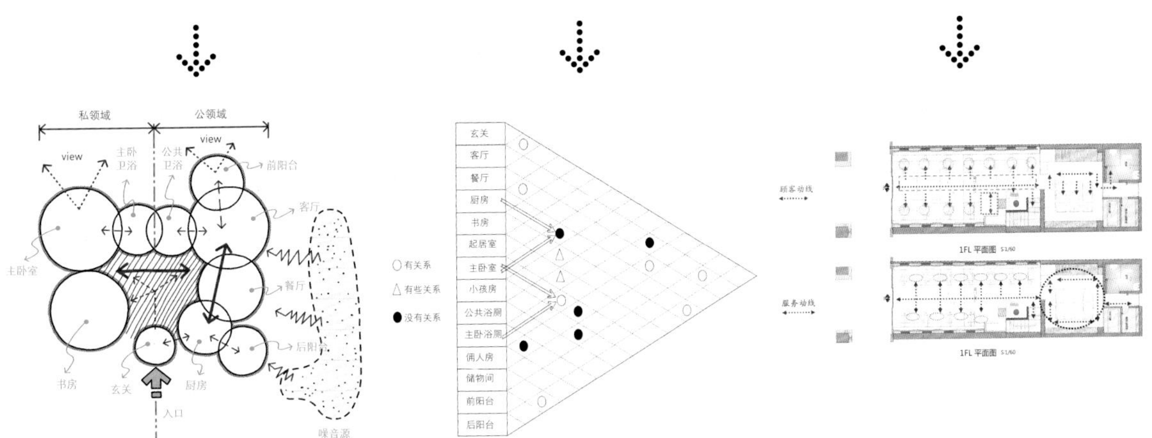

4.4 空间尺度构成三要素

居住及活动的空间到底要多大才够？这也是室内设计师必须为住户设想规划到的部分，因此人在空间内居住和使用家具时，才能有真正量身定做的舒适。

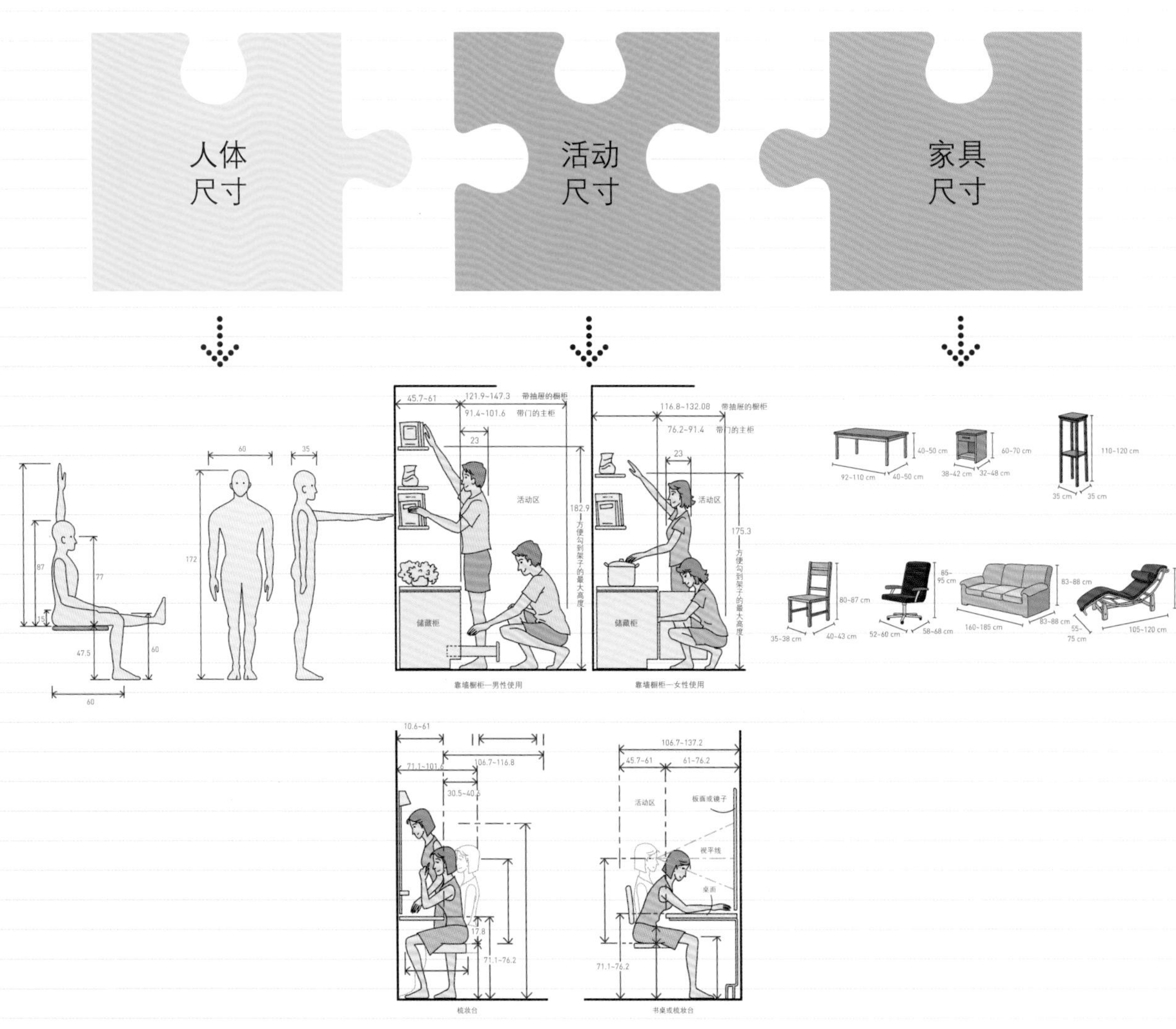

※ 尺寸标示详见内文

4.5 底图设计与套绘

底图通常指的是原图，所谓的原图又指的是现况平面图以及建商给的建筑平面图。

1 AUTOCAD

›› 向量式绘图软件，主要是将设计草图或手画的图转成电子文件的图纸，也方便其他相关工程专业厂商使用。

›› 是目前业界通行且最常用的软件，要从事室内设计工作的人一定要会。

2 CORELDRAW

›› 室内设计通常会做很多简报，其中底图的上色及版面上的排版可以靠这个软件完成。

›› 学习起来较容易上手，有不少设计公司在使用。

3 ILLUSTRATOR

›› 向量式绘图软件，跟 CORELDRAW 有点类似，用来给平、立面图上色及上材质效果图。

›› 早期许多人也用这个软件画室内设计图纸，不过精度差一些。

4 PHOTOSHOP

›› 影像处理软件，常用于模拟 3D 打光、编修 3D 图面、平面上色上材质等。

›› 在立面及 3D 图上辅助使用打光、上色及上材质和图面的后期制作常用到。

5 3D MAX

›› 三维计算图形软件，主要用来做 3D 空间模拟图。

›› 三度空间拟真度高，常用于简报，模拟设计好的空间。

CH5

5.1 简报制作类型

1 设计比图简报

这类的简报一般常见于公共工程、大型的设计案、公司行号、商业空间品牌，偶尔私人案子也会遇到。

2 一般提案简报

通常私人住宅的案子或面积范围较小的案子，会比较偏向这样的简报。

3 功能造型简报

这样的类型往往会出现在临时的展示空间或者展场空间，大多是以商业空间类型为主的提案。

4 研究调查简报

有时设计公司也会被赋予提供解决某些已存在问题的任务，一般来说这类的简报大多以商业空间类型为主。

5.2 简报制作重点及方法

简报内容架构说明：

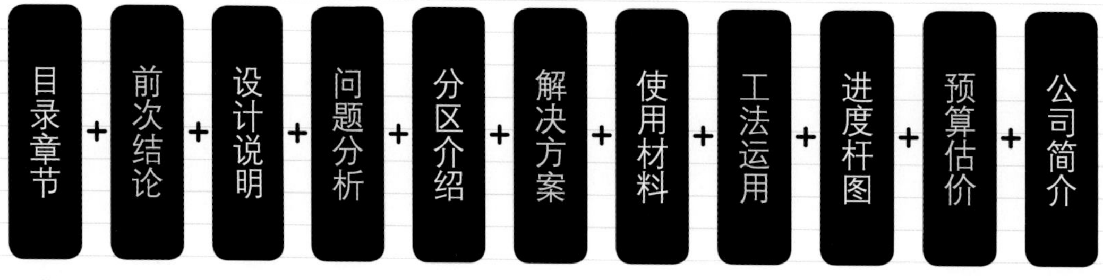

※ 依不同案子的特性挑选章节或重点章节制作。

如何说一个简报：

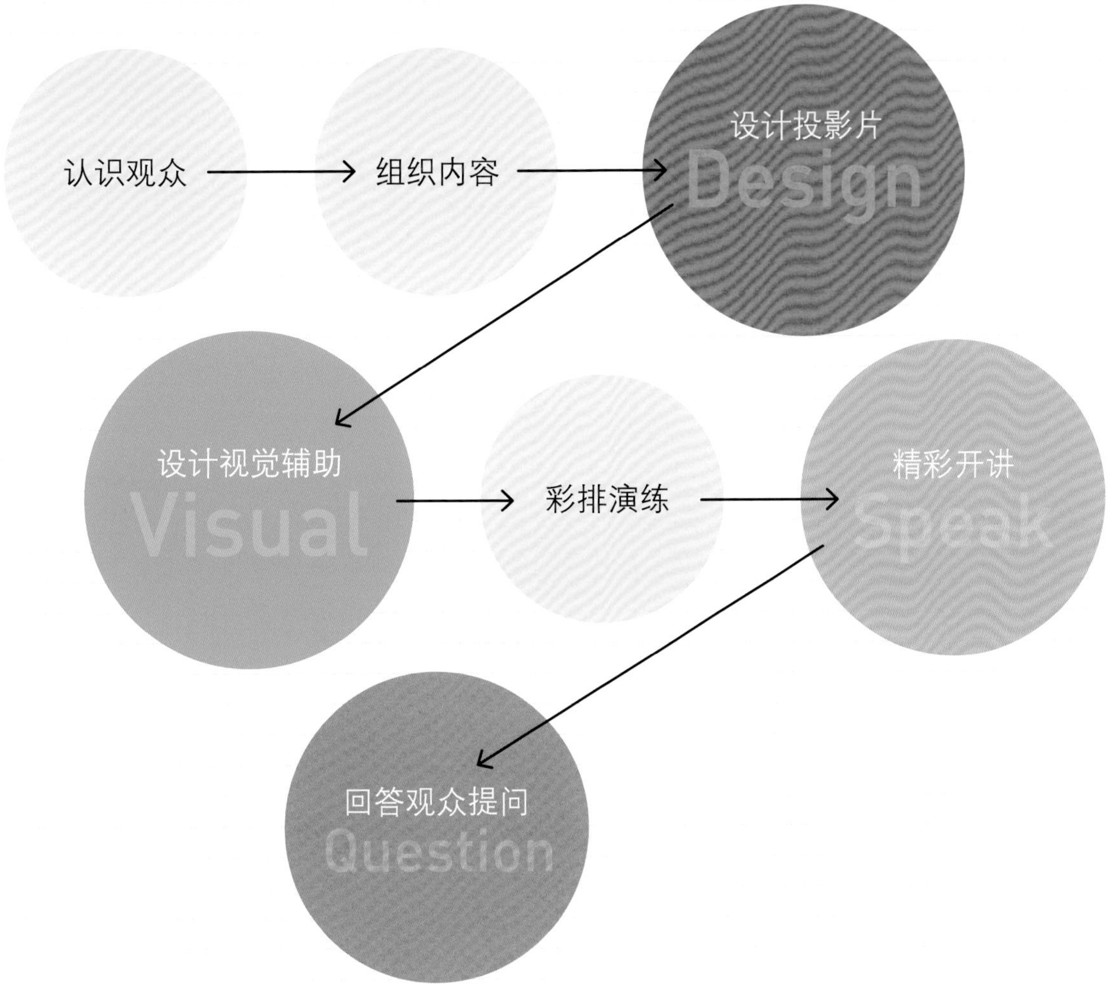

认识观众 → 组织内容 → 设计投影片 Design

→ 设计视觉辅助 Visual → 彩排演练 → 精彩开讲 Speak

→ 回答观众提问 Question

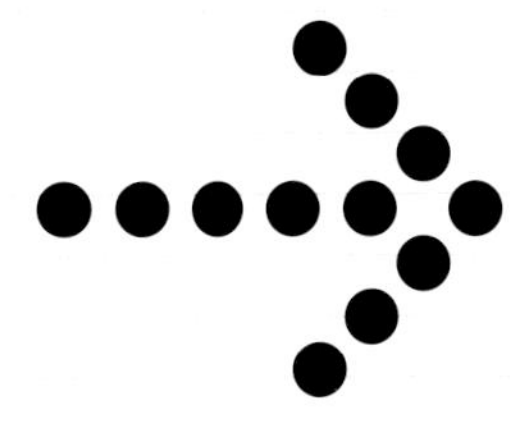

4.1 现场丈量技巧与工具

室内设计及装修过程中都必须很清楚地知道原始空间的现况尺寸，才有办法绘制现况图及后续的施工图，所以现场空间的尺寸丈量精度就更显重要。

一般来说现场尺寸的获得可分为两种，一种是从使用执照图或建筑图上了解，这些图都是建筑在建造过程中所需要的图纸，很多业主在买预售屋或建筑物正在盖时，无法去实地丈量，为了提早设计在交屋后方便工程连续进行，此时就会请业主或由设计单位被授权向建商索取，其图纸包含当层结构平面图、梁柱板结构尺寸图、建筑剖面图、机水电图、消防图、弱电图等。这些图可以为设计师提供所需的“未来”空间尺寸及样貌，进而开始进行室内设计，当然相对的有可能因建筑过程中的误差而与未来的实际尺寸有所不同，这也是为什么在日后交房后要再去复量一次以确认尺寸。还有一种是一般可进到实体空间的案子，必须靠对实际空间进行丈量后了解空间尺寸，下述针对现场丈量过程中所需的工具及技巧和注意的地方分开说明。

工具

量测类：
❶ 镭射测距仪（一般买 40 m 的即可）
❷ 钢卷尺（7 m）
❸ 布卷尺（大空间及户外大面积空间使用）

划记工具：
❶ 荧光笔（不同颜色 2~3 只）
❷ 四色圆珠笔（一枝笔有不同颜色笔芯）
❸ 工程笔 * 避免用会晕开的签字笔
❹ 硬纸夹具板（夹 A4 或 A3 纸）
❺ A4 及 A3 纸（数张）
❻ 预先做好记录的表格（依各公司内格式）

拍照工具：
❶ 广角相机或伸缩镜头相机
❷ 智能手机（有照相功能）

高程测量重点

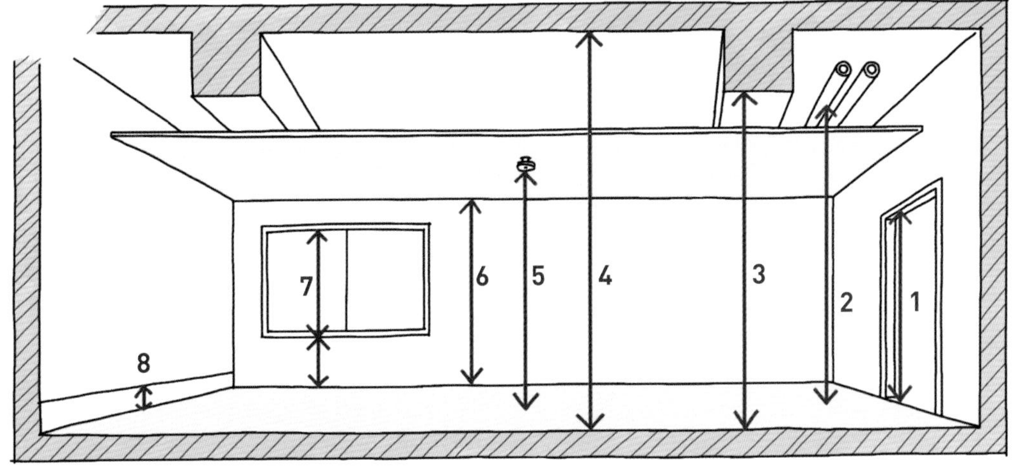

1. 门高（含框） **2.** 管线高度（天花上） **3.** 梁下高度 **4.** 楼板下高度 **5.** 洒水头下高度 **6.** 天花板下高度 **7.** 窗台高度 + 窗户高度 **8.** 踢脚板高度或地板垫高

现场丈量与观察重点技巧、标注方式说明：

1. 以 2 人一组丈量，丈量准备纸本及不同颜色的笔区别记录。

2. 选定起始点（通常由大门开始）顺时针方向丈量，最后丈量结束时也是在大门同样位置（从哪开始从哪结束）。

3. 丈量时必须要连续尺寸丈量不可间断，门及窗框都含在内。（制定包外及内含规则）

4. 丈量时量测人员报数字，记录人员复诵一次后记录。

5. 大小空间丈量完成后，一定还要量测十字尺寸（以防墙壁渐变大小或结构偏移）。

6. 要丈量墙的厚度（ex ： t=12cm）并判断材质（R.C、砖、木、轻隔间、轻质墙……）。

7. 位于空间中央的柱子，柱位尺寸要有 X 及 Y 方向与其他结构或墙面的位置尺寸，方可在绘图时放样位置。

8. 梁位高低尺寸（大小梁都要）和梁宽都要丈量，位置（中间、靠左、靠右）要记录，有无连续或在何处相交。

9. 寻找有无穿梁管可用，是否有通到各个空间。

10. 梁与窗、门的关系，前后进出面的标示（可以画小剖面交代）。

11. 窗的宽度、窗高标示，以及门的高度标示。

12. 现况环境物理及方位标示（准备指南针），太阳、风的方向以及不好的视觉景观、味道、私密性等问题的注明。

13. 现况既成违建的判读及范围标注。

14. 生物害性危害记录（白蚁、虫蛀等）位置及范围标示及拍照。

15. 现况天花、地板材料及高度和高度差的记录，方便日后拆除估价。

16. 楼梯的级宽、级高、级深的记录和阶数，以及楼梯平台和梁的关系记录。

17. 复杂的交接处，要画局部关系详图，避免尺寸不清楚。

18. 现况有无壁癌、漏水、结构裂缝、混凝土掉落、钢筋锈蚀、窗户渗水、门框歪斜、瓷砖掉落膨胀、油漆瑕疵、管线锈蚀、设备动作不正常要记录及拍照。

19. 机电管线和开关箱的总量，无熔丝开关的拍照和电表位置确认。

20. 管道间的记录，排水数量、煤气种类数量记录、排烟位置记录、水表及煤气表位置记录。

21. 电话插座、弱电箱位置及高度（X 及 Y 方向）种类与数量记录。

22. 消防洒水头及设施设备位置、数量记录。

23. 空调形式与规格记录，并勘察日后可能摆放的相关位置，排水管线位置高度。

24. 特殊柱型和墙形，有角度的特殊丈量方式方法标示。

25. 必要时翻开天花及打开木柜、壁板，查看楼板及壁体的问题。

26. 家具尺寸及后续要使用家具尺寸记录拍照（用表格记录）。

27. 丈量电梯、楼梯尺寸，以利后续搬运材料的评估。

28. 拍照也是依丈量方式顺时针拍照，每个空间最少 2 张照片，越多越好，要拍部分阳台和落地窗户的剖面关系照片。

29. 询问物业相关施工注意事项及时间和相关工程保证金费用，以及保护方式和进料路径及堆放物料位置。

宫老师觉得 你也该知道的事！

现场丈量其实并不复杂，但要有一颗细致耐烦的心，因为每个案子现场状况都不相同，你可能在无风、脏乱有臭味的环境中丈量，有时面积又大又热，偶尔会有小虫乱飞，你恨不得赶快离开，这些事都会让你心浮气躁，而丈量这件事很容易在这样的情形下产生错误或失误，所以有时人家说当设计师的过程像修行一样。

4.2 室内空间底图放图法

当我们丈量实际空间现况尺寸后，就需要把图纸上的空间格局及尺寸放出来，一般会用AutoCAD软件绘制现况尺寸图，而现况尺寸图的绘制是相当重要的，因为室内设计的后续图纸绘制，就需靠这现况底图来延伸，以及其他相关专业厂商所需的图纸也是要靠你提供的图纸做绘制，所以其精准度的重要性不言而喻。一般我们丈量后的放图法可分为三种，也会因现况的关系及所提供的图纸数据详细与否而决定采用何种方式。第一种是建筑用的柱中心放图法，第二种是连续尺寸放图法，第三种是混合式放图法，以下就这三种方式进行说明。

这种放图法是利用建筑的柱结构概念而发展出的，通常建筑柱的结构有其固定的间距尺寸，不管是X轴或Y轴都有一定的间距，这间距是指柱与柱之间的柱中心尺寸，室内平面空间也就是在柱的相关间距中所配置出来，所以我们可用这柱间距的方式来协助我们放图，这种放图法大多运用于**大面积的空间如卖场、饭店等大空间，或者还没完工的建筑空间等**。不过这种放图法最好能拿到原使用执照平面图或建筑图才能知道柱的位置及间距。一般先以柱中心尺寸是为基础将X轴及Y轴的柱间距尺寸放出来，将柱的尺寸放到其交叉点中心上，再开始绘制外墙及内墙格局，最后绘制平面门窗及标注符号就算完成。

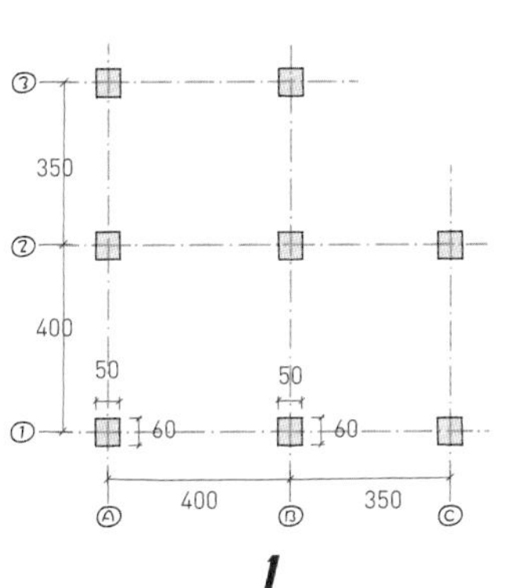

1

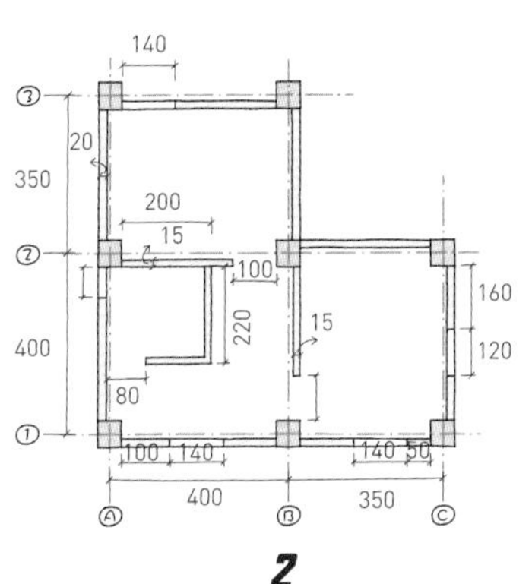

2

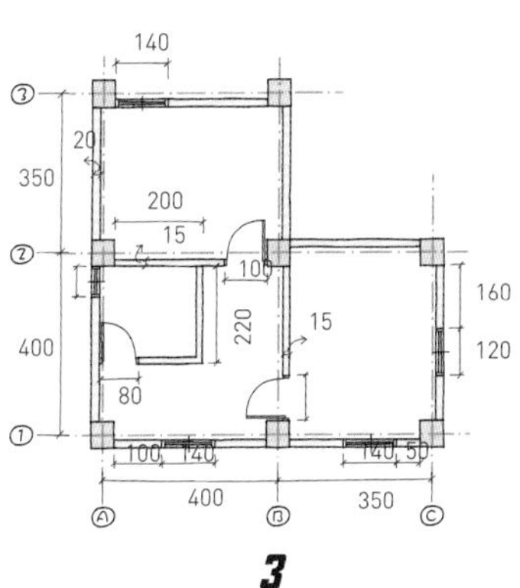

3

连续尺寸放图法是一般常用的放图法，就是依照丈量时的连续尺寸，依序由大门开始绘制外墙及内墙位置和门窗的间距尺寸，这种绘制法较为细致，但有时因丈量上的公差而产生绘制时的误差会无法衔接封闭，所以丈量时就要用大十字尺寸去校正公差，方可在绘图时将空间封闭完整。有时这种放图法会因为现况丈量不完整而无法完成，这时如果从一侧放图因尺寸信息不足时，可改由起始点的另一侧放图，不一定要拘泥从哪一侧开始。这种方式的放图是用在**有既有的空间并可去实地丈量，也就是一般住宅或小型商业空间**会常用此方式放图。

1

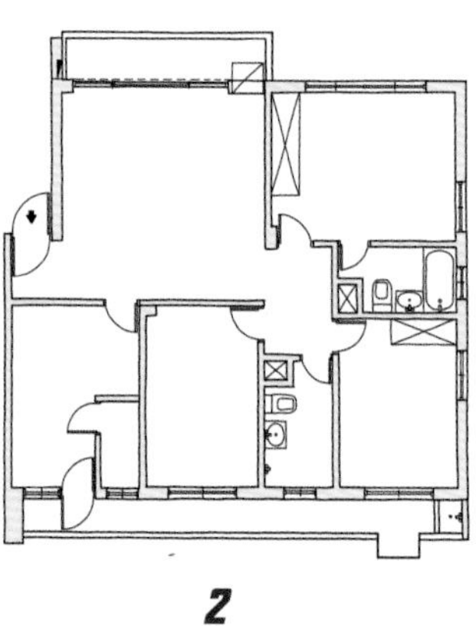

2

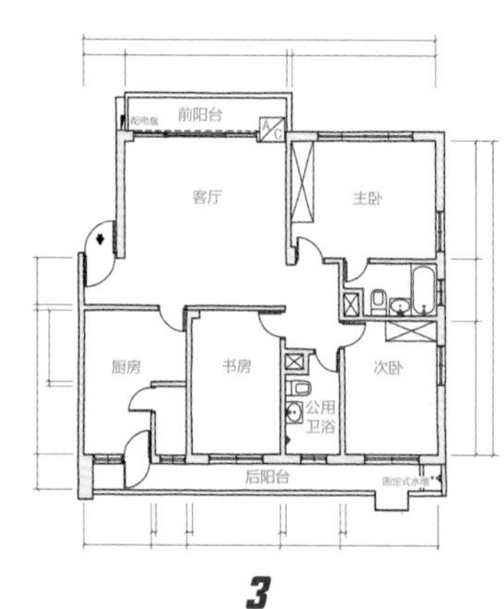

3

这种放图法就是利用上述的两种方式混合绘制的方式，通常是用在较大的空间且有更复杂的室内隔间格局上，诸如建筑物公设空间之类的。以建筑结构中心尺寸为基础，配合连续丈量尺寸围绕结构绘制室内空间，并用大十字尺寸校正各空间的连接尺寸，依序完成衔接。这种方式比较复杂，要不断地在软件上量测所丈量的空间格局尺寸与结构间距尺寸的关系，通常会有准确的平面尺寸图。

放图是熟能生巧的技术，要不断地在实务中操作，面对不同的空间形态及信息，用不同的思考方式将空间衔接并绘制出来，一般熟手放一个 100~160 平方米的住宅空间约在 1 个小时内可放完空间尺寸格局，当然这不包含调整图层、笔宽、标注等细项工作。一个设计助理最好能熟练地操作此项技能，日后有机会成为设计师时，才能独自地操案。

底图的绘制除了尺寸要精准外还要将一些后续设计及现场丈量的信息标注出来，以方便后续的人或合作的伙伴能清楚地知道与空间相关的信息，也能使后续的图纸绘制更快更方便，以下详列底图中应标注的事项：

内部隔间墙由大到小的尺寸、墙厚尺寸、走道尺寸、门及窗宽尺寸（水平面尺寸）

地板高程变化、门窗高程、天花高度、梁下高度、板下高度、管线下高度、洒水头高度、空调排水孔（垂直尺寸）

梁位、洒水头、烟雾警报器、漏水、壁癌、蛀虫位置、穿梁管

楼梯阶数与高度、铁卷门位置与尺寸、泄水方向、方位、风向、景观不良或私密问题、墙及地板材质

Chapter4
室内空间构成
与配置技巧

4.3 设计序列的展开与思考

序列

对事情及对象的安排或次序。如课表、出国的行李箱、生产线的机具、厨房调味架、书架、衣柜等。通过恰当地安排达到提高生产效率、节省时间、方便使用、减少安全危害的效果，所以在室内设计过程中有许多的序列安排，而这样的安排会因业主需求的不同而不同，有时也有会好几种安排的方式，而最后以最接近业主想要的及最适合的方案作为定案。

室内设计中的序列安排涉及范围包括格局、动线、橱柜分割、立面、家具配置、工程进度等。

书架上的书

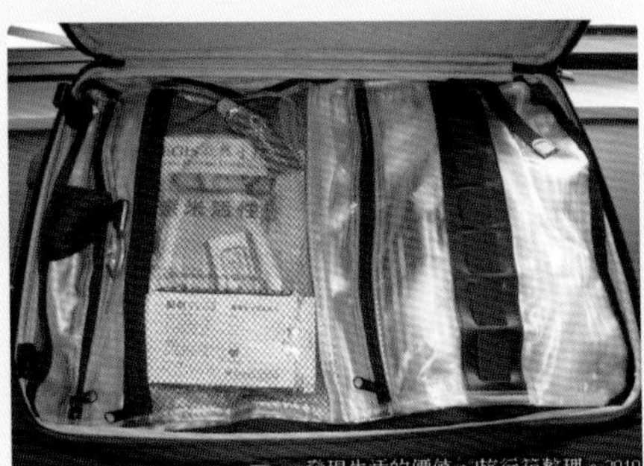

行李

序列安排的特性：

1. 事、物是通过人的安排产生次序 ⋯> 每个人都是设计者
2. 不自觉地使用序列原则 ⋯> 在日常的生活中一直出现
3. 设计者必须意识到编序的原则 ⋯> 透过需求寻找适当的原则
4. 将这些原则应用到复杂的环境情境中 ⋯> 因需求调整原则

序列安排的特性：

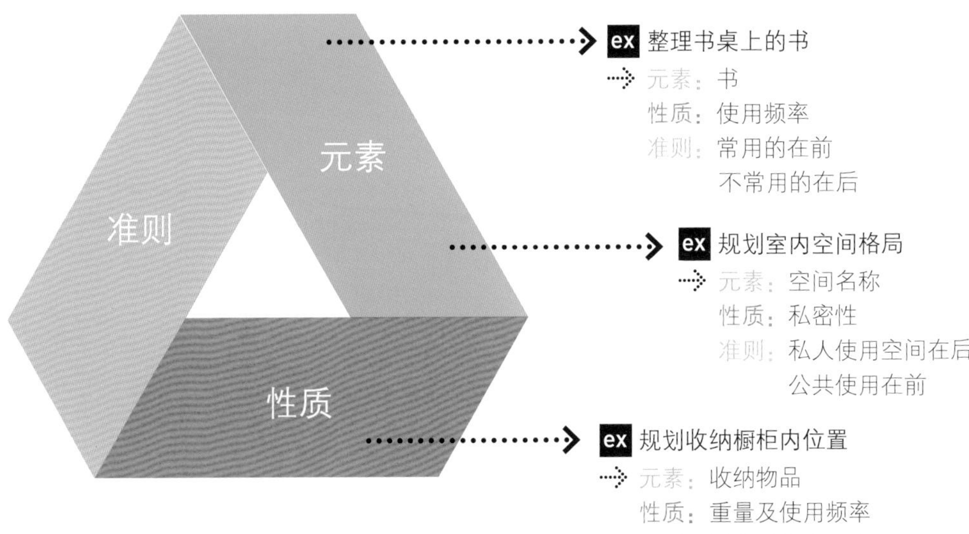

而好的室内设计师不仅需要知道业主需求，也要分析这些需求面的元素、性质及准则，替业主思考安排好所需的位置。我们也可以进一步发现一些新的元素、性质、准则，并透过安排产生次序这就是所谓的创造。

立面及家饰的设计安排

更衣室的收纳分割安排

序列是规划思考的方式之一，我们也可借由以下的方式达到与序列规划类似的效果。

泡泡的大小不一定是表示空间的大小，每个泡泡代表着一个空间名称，透过需求及条件判断并安排泡泡的相邻关系，有支援效果的要放在一起，而会与私密性空间相冲突或有安全隐患的要彼此区隔及远离，设计者也要清楚自己摆放的准则是什么。

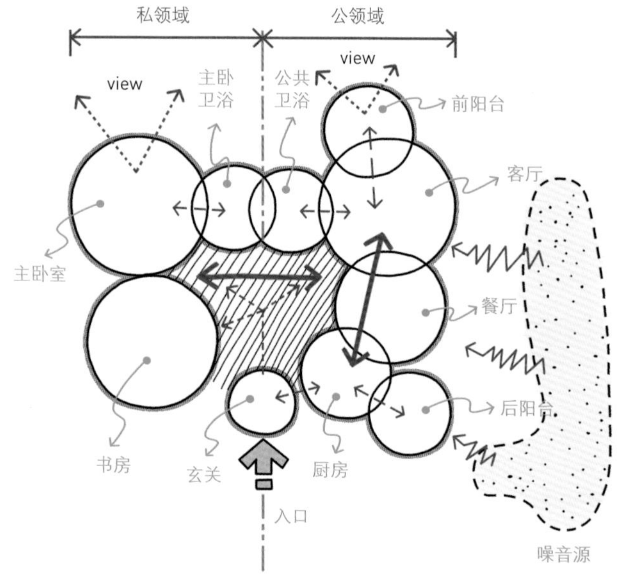

建筑周围的环境泡泡图

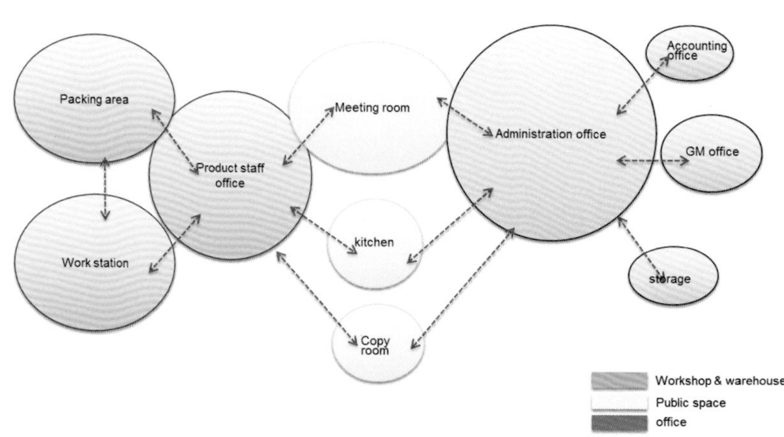

外商公司办公空间的泡泡图

最后通过检讨后定案的办公空间泡泡图在经过空间量化过程后，就会产生一个平面图。

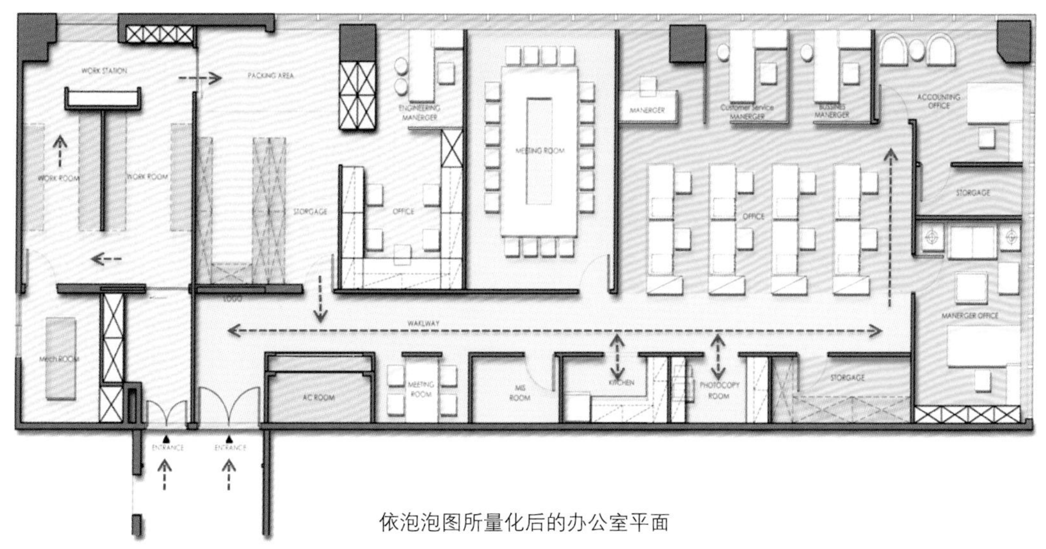

依泡泡图所量化后的办公室平面

通过矩阵表格检讨各空间关系的强弱并做适当的安排，目的也是将相邻支援空间做配置，干扰空间则要远离。

在居家环境中有些空间在使用上有时会互相冲突，而每个家庭对空间的需求也会有不同，所以必须在设计初期先检讨空间需求的冲突性，可避免不应该相邻的空间放在一起，这其中包含家人的工作及睡眠时间作息是否有不同的干扰、私密性、噪音、方便性、不好的味道、动线的连贯性、工作流程顺畅性等。

我们可用空间关系表将未来空间的需求绘制成表格，逐一交叉检讨各空间彼此的关系状态，例如厨房与主卧之间没有强弱的关系，并且会有油烟的问题，所以在未来的平面配置上就不会将这两个空间摆放在相邻的位置上，因餐厅与厨房的关系是相当紧密的，这两个空间就可以放在相邻的空间中。在检讨表格中的空间前要先与业主讨论或了解家庭成员间的生活习惯，以及各项会影响空间使用的问题，再来检讨空间关系表。

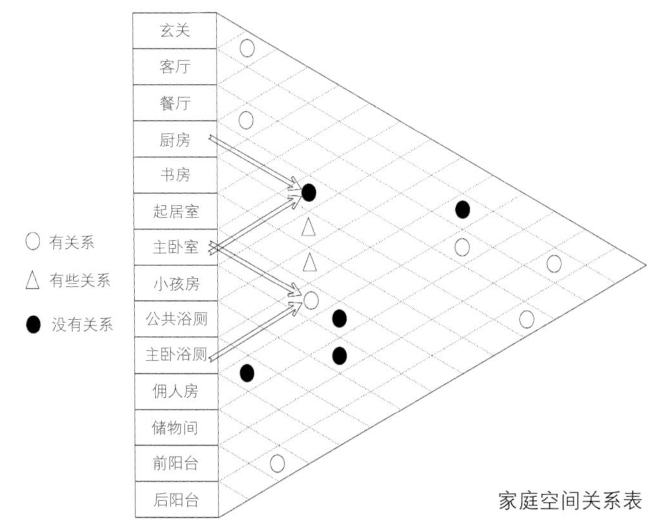

家庭空间关系表

每个家庭或办公室都由不同的空间关系组成，适用于 A 家庭的空间关系不一定能在 B 家庭中适用，所以每个家庭成员最好都能了解彼此的关系及相互的影响程度。因此一开始的访谈记录中就必须逐步地记录业主在那些空间中的活动需求，也才能厘清空间关系中的支援角色或避免干扰的情况发生。一旦空间彼此的关系被确认后就能进行空间量化作业，找出适当的大小组成一个空间，而这在下一节中会另外说明。

动线分析通常是用在已存在的空间中，通过现况空间的分布去分析不同动线是否彼此影响或干扰，再进一步去做空间格局的配置改善。一般住宅的空间动线较单纯，最常用在商业空间中有关客户动线及服务动线，或者在建筑规划中的人与车的动线和住户与服务动线的检讨。

下图空间动线为一间美发院的动线，检讨客户及服务上的动线关系，原设计在动线上有交叉且封闭的状态，经过设计后让服务动线更顺畅也会较有效率。

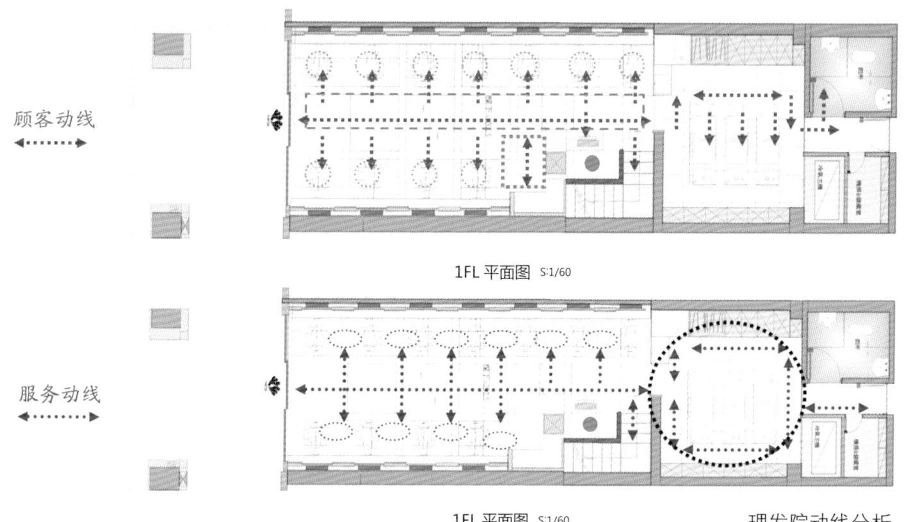

理发院动线分析

建筑基地的人车动线

宫老师觉得 你也该知道的事！

——开始空间规划的学习最好由上面所说的几个方式一步步进到配置，你才会清楚知道空间彼此的关系强弱，经过一短时间的练习你会渐渐掌握住宅的基本格局关系，再依业主的需求做调整，不要一开始贸然或用速成方式，容易造成配置基础功夫的不足，使空间变化的思考受限。序列的观念一定要深植心中，做设计过程中透过序列的思考，也会将人的行为动线做整体的考虑，也才能掌握对象与空间的使用效果。

Chapter4
室内空间构成
与配置技巧

4.4 空间尺度构成三要素

空间大小尺寸是刚入行的设计助理或设计师较难拿捏的部分，一个适合人居住及活动的空间到底要多大才够？其实这涉及每个人生活背景与生活习惯，以及人体尺寸、家具尺寸、活动尺寸，也就是说在不同的活动需求下会产生不同的家具尺寸及数量，也会因在空间中的活动行为而改变家具摆放以及留设的空间，以满足活动的发生。

所以要设计一个大小适当的空间，必须要先了解需求，我们通过访谈了解家庭成员或在空间活动的成员有哪些，其相对的活动时间、活动方式、活动所需的家具或道具、有无特殊的活动方式或有哪些安全上的考虑等，你才能去规划一个适合的空间尺寸。针对上述三种构成空间大小尺寸分述如下：

人是空间的主体，通过人在空间中的活动，空间变得有意义，而人在空间中生活已有几千年的历史，人类通过各种“规制”来制作或定制生活及使用上的家具与器具，其中有以身体为基础发展出的量测单位，如肘关节到指尖的距离、食指关节的长度、手腕关节处到手肘关节处等长度，都是依此来做各种生活所需的家具。

人体尺寸工学已慢慢变成一项专业知识，也属于人体工程中的基础课题。通过了解人体尺寸，也能掌握各种活动或固定家具的尺寸。舒适的使用尺寸会产生安全的感受，也容易使用，但不同性别及年龄层的尺寸都会有所不同，所以要成为一个称职的室内设计师在学会设计前一定要先学会了解人体尺寸。

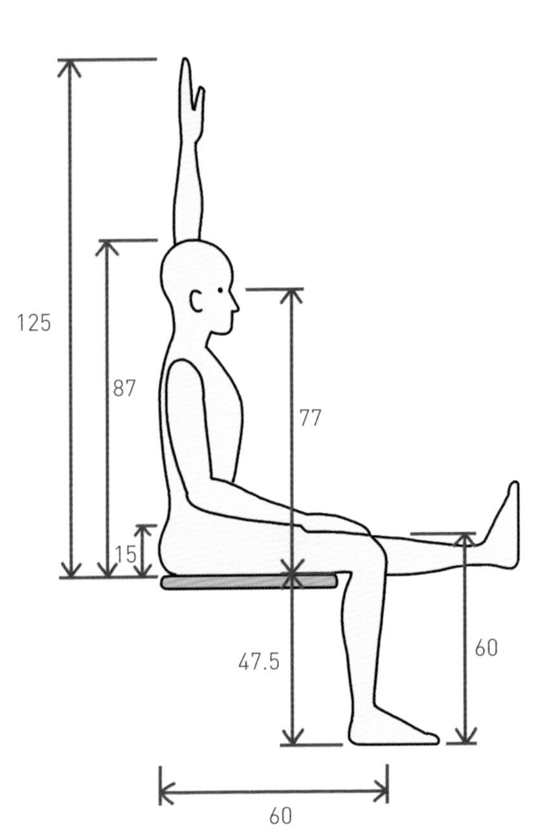

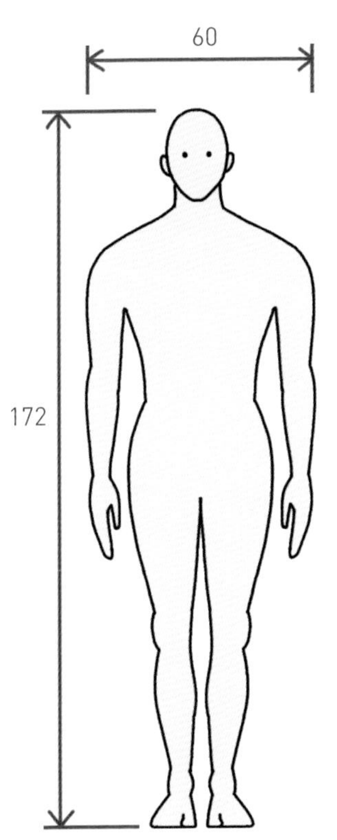

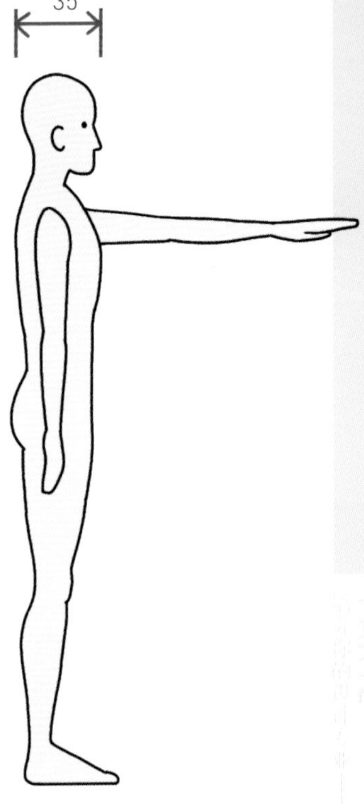

人体测量尺寸

人体测量项目	平均值尺寸 /cm	应用范例
身高	172	门高
坐着手往上伸直	125	******
挺直坐高（从椅面起算）	87	椅背高度
坐着时的眼睛高度	77	电视高度
大腿厚度	15	桌椅间的高低差
膝盖高度	47.5	椅子高度
膝腘高度	60	******
臀部～膝盖长度	60	沙发深度
最大人体厚度	35	******
最大人体宽度	60	通道宽度

除了固定的人体尺寸外，因人在空间中的活动行为而产生活动尺寸，例如行走端东西、弯下拿东西、翘脚等，所以设计师要能清楚地知道人在做各种活动动作时所需要的尺寸，才能设计出让人安全舒适的活动空间。当然人在空间中并不只有一个活动而已，当家居空间中有许多家庭成员，每个人都有自己的活动以及使用家具的时候，甚至常常是几个人同时使用一个空间或一件家具，这时你的考虑就要更仔细一些，才能让空间预留的活动尺寸满足不同人的需求。

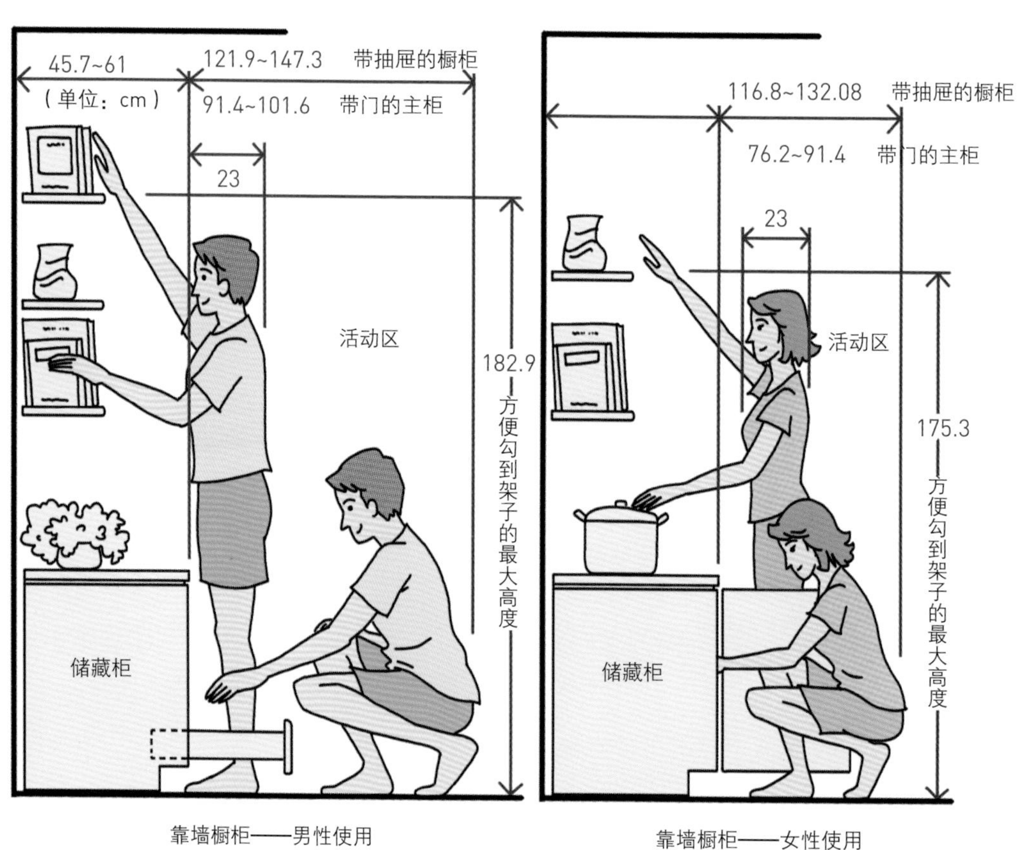

靠墙橱柜——男性使用　　靠墙橱柜——女性使用

10.6~61
106.7~116.8
71.1~101.6
30.5~40.6
17.8
71.1~76.2
梳妆台

106.7~137.2
45.7~61
61~76.2
活动区
板面或镜子
视平线
桌面
71.1~76.2
书桌或梳妆台

家具的尺寸主要由人体尺寸和使用的人数决定，而不同风格的家具也会产生不同的尺寸，所以在选配家具时要先知道用户的人数以及风格样式，有必要时还要做一些调整以满足使用者的需求。家具的量体与数量会占据整个空间，所以挑选合适的家具也会让空间产生不同的视觉感与舒适性。

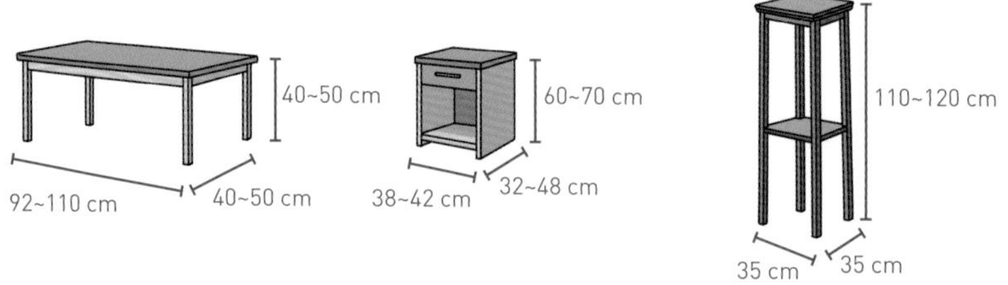

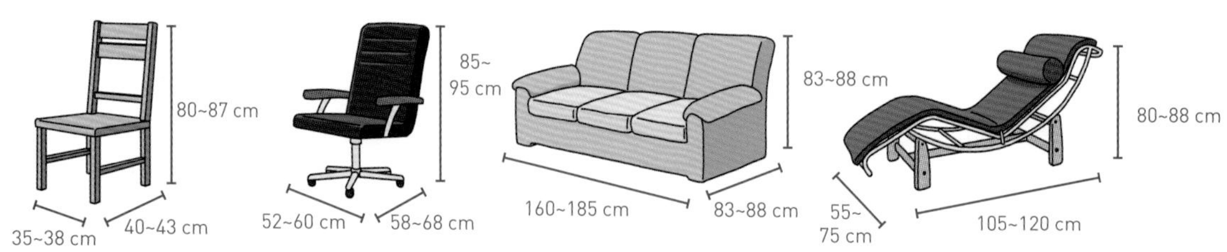

当你清楚了这三种空间构成的基本尺寸，就可以通过了解用户需求而配置出合理的满足用户要求的空间。而空间中家具的摆放位置也与整个动线及使用机能有很大的关系，会影响整个空间使用上的舒适性与安全性，所以优秀的设计师会不断摸索不同配置的方式，并调整格局的大小，以达到业主的需求以及设计上格局的呈现。也就是说平面设计的形式不会只有固定的一种，会因不同的组合方式而产生不同的平面格局，透过不同的格局思索及家具配置方式，才能渐渐提高对空间尺度的掌握及平面规划的能力。

4.5 底图设计与套绘

底图通常指的是原图，所谓的原图又指的是现况平面图以及建商给的建筑平面图。在设计初期的平面规划中依据业主需求做空间规划时，先取得这两种图之一，再用手绘的方式规划所需的平面格局，你可以看出哪些墙面可以保留、哪些墙面应该调整位置及尺寸，再将新的隔间用明显的笔上墨线并将新隔间也做区分上色，一来在绘制计算机图时隔间的种类也能做区分，也方便与业主沟通时让业主了解你要改动的范围，并可对照设计前与设计后的平面找出差异在哪里，底图可当作沟通的工具也可当作绘制正图前的正草图。

通过对底图的了解并在其上做空间格局规划，会比在空空如也的平面上规划更快也更精准，许多的管线及结构问题也能一并考虑，所完成的平面图的可行性较高。

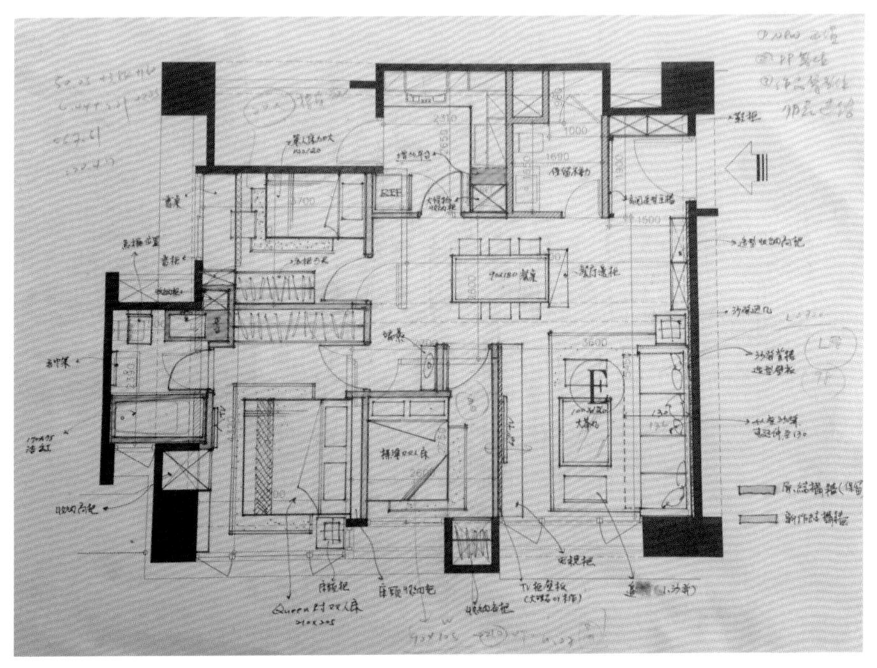

手绘底图设计图

关于室内设计常用软件，下面就简述各种设计与工程上常用的软件：

（1）AUTOCAD

一种设计绘图软件，主要是将设计草图或手画的图转成电子文件的图面，也方便其他相关工程专业厂商使用。它是一种向量式的绘图软件，能将手绘技巧中的要求如线条粗细、线条轻重等表现出来，并可利用图层管理及图纸空间模式来管理一个案子的各种图纸，可以有效率有系统地绘制所需的图纸。这个软件也是目前业界通行且最常用的软件，要从事室内设计工作的人一定要会这种软件。

目前在许多计算机教学课程上也都有教授这种软件的使用，可先从这部分学习基础操作与使用，再拿实体空间做练习。以我个人经验，如果要学这个软件最好是有室内设计绘图经验的老师来教，会将学生更快地带领到实务上的应用，反之只能指令上的学习而已，很难将实务上所需都东西的应用在这个软件上。因为要在绘图软件上绘出一个对象，可以有很多种方式及不同指令的组合，也有可让绘图速度变快的快捷键，所以在绘图过程中还是需要向一些有经验的设计师来请教，这样才会让你更加快速地学习这个软件。如果你能找到教你的人，通常持续 2~3 个星期的练习就可以渐渐上手。

（2）CORELDRAW

室内设计常会做很多简报，其中底图的上色及版面上的排版可以靠这个软件完成。它也常用于平面设计上，包含网页版式、电子报、广告招牌、剪辑图片等。会操作 CORELDRAW 的人不少，学习起来比 AutoCAD 简单一些，还是有不少设计公司会拿来使用。

（3）ILLUSTRATOR

这也是一种向量式的绘图软件，早期许多人也用这个软件画室内设计图，我自己就曾经画过一段时间，这个软件是用点、线、面构成几何平面并加以编辑，它与 CORELDRAW 很像，也可作为平面设计、上色、版面编排、海报设计等用途，如果它与 PHOTOSHOP 一起使用则会有很好的渲染表现能力，有时 3D 的拟真度颇高。

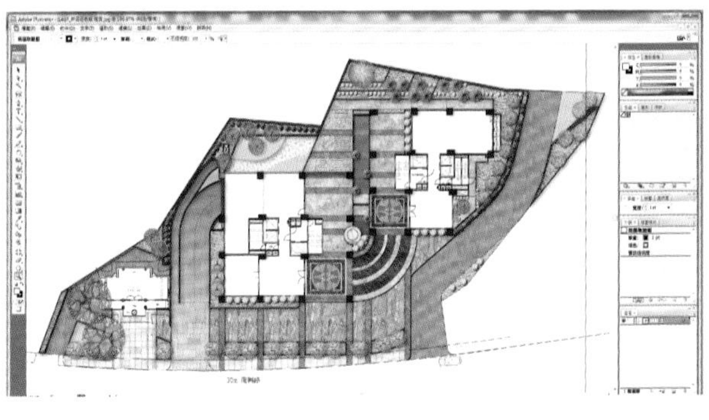

（4）PHOTOSHOP

这是一种图像处理软件，作为图像编修绘图及图片编辑的软件，在室内设计中常用于模拟 3D 打光、编修 3D 图、平面上色上材质等，因为它有较强的图像编修功能，有时会有创造许多不错的特殊效果。

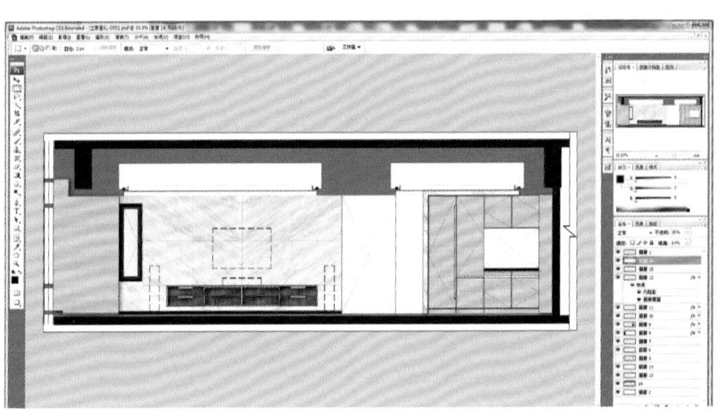

（5）3D MAX

这是一种三维计算图形软件，一开始运用于动画制作，渐渐也开始有影片特效上的处理。在室内设计中是用来做 3D 空间仿真图的软件之一，但这个软件要有长时间的操作经验累积，并对设定的参数有一定的熟悉度，才能在制作 3D 时效果更好效率更高，室内专业的 3D 表现通常都是用此软件绘制。一般都先由 AutoCAD 绘制 3D 模型后进到 3D MAX 去贴材质打光及设定观赏视角或动线。

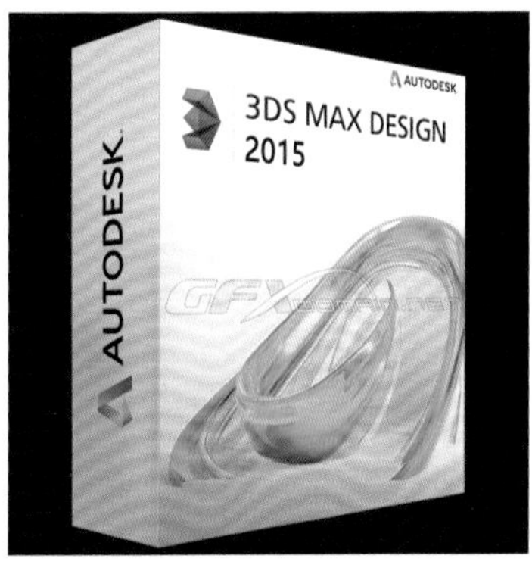

5.1 简报制作类型

室内设计是一种提供整合方案解决空间问题的技术，每个个案往往都有不同的问题及喜好，设计师在经过现场勘察，并与业主讨论之后，接下来就要进入设计及提案的阶段，而简报制作与表达的好坏有时会比设计的好坏更影响整个结果。所以在室内设计师的养成或学习过程中必须要经历绘制图纸、收集数据、架构拟定、美化后期制作、口语表达等简报制作过程的训练，才有较成熟的接案能力，而一般公司的教育训练往往也会忽略这个部分，大部分是交由特定设计师或资深的同事操作，相对也让年轻设计师失去这部分的训练，在本节中就一般室内设计所需要的不同类型的简报内容及制作重点做说明。

简报类型

这类的简报一般常见于公共工程、大型的设计案、公司行号、商业空间品牌，偶尔私人案子也会遇到。这类型的简报是业主已发出邀请，或是你登记参加比图（竞图），业主会把所需的数据及需求公开在网络上或提供所需资料，当你了解整个案子的要求后，在设计或工程上提出好的设计方案或解决办法，并将自己的设计内容做成简报。一般这样的案子都会评审，业主将不同设计公司的提案内容做评分，大部分输赢取决于分数的高低，分数高者胜出，拿到设计权或签约权。

通常私人住宅或面积范围较小的案子，会比较偏向这样的简报，单一设计公司针对单一案例及业主提案，取得业主认同而拿到设计，或者已签约后再执行提案也有。针对业主需要的风格、机能、造型设计师提出自己的想法，有时这样的简报会来回修改几次后，才有办法确定后续设计的发展方向。

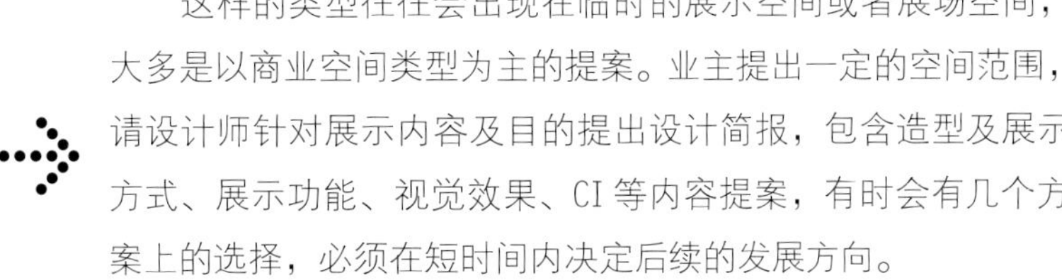

这样的类型往往会出现在临时的展示空间或者展场空间，大多是以商业空间类型为主的提案。业主提出一定的空间范围，请设计师针对展示内容及目的提出设计简报，包含造型及展示方式、展示功能、视觉效果、CI 等内容提案，有时会有几个方案上的选择，必须在短时间内决定后续的发展方向。

有时设计公司也会被赋予提供解决某些已存在问题的任务，一般来说这类的简报大多以商业空间类型为主，因为在商业空间中需要长期稳定的获利，一旦有任何的大幅度衰退现象，或者顾客的反应，在经公司内部调查及改善无用后，会另外委托外部人员做调查分析，通过现场勘察及访查、问卷等方式做成调查研究的简报，要绘制图纸、拍照、制作统计数据表格、分析结果，提出整体调查研究的简报。

Chapter5

室内设计提案
与简报制作

5.2 简报制作重点及方法

简报的内容会随着不同的简报类型而有所增减，不是每个简报都用同样的架构。通常一个简报在 15~20 分钟内完成，之后接续 15~30 钟的问答，所以做简报时你必须清楚地知道如何在规定时间内说完一个简报，而简报内容就是一个关键点。简单来说你必须在简报内放上你认为本次设计中值得一说的内容，无关紧要的就要舍去，毕竟无法在规定时间内汇报完成，是犯了简报的大忌！以下针对一般常见的简报内容架构说明。

目录章节 

简报一开始要先讲述此次的简报内容章节架构，让听的人了解你要讲的内容有哪些，有的是评分规定要说明的，你必须要有此章节，有的是对你的设计有帮助的，通过一目了然的目录说明简报架构是好的开始。

前次结论 

有时一个案子要经过多次的修正后再做简报，通常在私人案子上会有较多这样的情形发生，尤其是规模较大的空间以及商业品牌空间的案子，会来回修改几次简报，这时你要记得把上次简报结论做个提纲说明，让上次没参与的人能知道上次或之前几次简报中所提到的内容，而在此次简报中又做了哪些修正或提出了哪些新的设计，但是不要花太多时间说明这些已做成的结论，简单扼要说明即可。

设计说明 

这个章节几乎是所有设计简报中最重要的一个章节之一，顾名思义，就是你要说明你的设计理念及对案子发展过程中的想法，用了什么概念、为什么要这样设计、用了什么元素，以及后续的设计展开过程等，这通常是整体表现的一个关键，一般好的设计说明不会有太多文字，而是以清晰的图片、概念图以及进行过后期制作的图纸，去展现你对案例的独到见解及设计的想法，切记不要有过多的文字。

问题分析 →

很多时候案子原本就有些已存在的问题，这包含环境物理、生物性危害、结构、法规、材料、违建等问题，或者是在设计过程中发现的问题，而这些问题会影响后续的设计发展及工程的进行。可通过此章节说明你的发现或者你看到了什么问题，如何透过分析看到别人没注意到的问题，并在解决方案章节中提出你的方法，这部分的说明简明扼要，在简报上的呈现还是以图片或关键词的形式较佳。

分区介绍 →

一个空间设计中有许多空间是可分类说明的，一般规模较大的空间或者有私密性和公共性冲突时，会分别在这些空间上特别提出来说明个别区域在处理上的做法以及如何整合等，最常看到的是表明不同的服务及使用动线、安全区划、私密保护等，并将个别空间内的信息呈现出来，有时商业空间的简报会有这样的做法，主要是因为这些信息或数据与营业相关，听的人可通过此信息了解到你是否有把他们的需求考虑进去做成设计。

解决方案 →

设计者依据业主所提供的设计需求做成设计，而一开始业主所提供的需求内容中说明了这些要求，而设计师必须要尽量满足业主所提的要求外，也要提供更多设计上的解决方案技巧和方法，这部分的内容五花八门，有工法、材料、时间、预算、质量和步骤等，有时也会有已经正在使用的空间做改善方案的建议提供，这就必须先通过调查才能提出解决的方向及方法。

使用材料 →

这是比较细节的章节，也放在整个简报中后面的部分，主要说明的是在整个设计中有哪些是你特别想要表现的材料、设备、机具，而这些会影响你的设计整体价值、安全健康，或使用机能以及其他特殊目的时，提出你的看法而说明它的特殊之处，可用照片及经过后期制作的图片表示。

工法运用

工法在简报中偶尔会出现，主要说的是在设计过程中要解决某个问题，或为配合设计中某些造型及设计美学上要使用的材料，有其特殊的施工方式，如果只是一般常见的材料，建议不要放，把重要的版面留给真正能表现设计简报内容的东西。有些公司会把材料的施工大样详图放在简报内，这也不是一个好的方式，毕竟一开始是以设计简报为主，等拿到案子后才有可能会进行施工相关的简报说明。比较好的方式是曾经有哪些用你这样的工法而展现出来或已完成的案例，或者局部小断面的解说也是可以的，不过最好还是将图做些加工，清楚表达你要说的内容，非必要不要直接将施工图放进到简报中，因为有可能阅读者看不懂施工图，这样反而会造成困扰！

进度杆图

进度表分为工程与设计部分，一般在设计简报中放的大都是设计进度时程，偶尔会有大项工程进度表出现，目的主要是让看的人能了解在你的设计过程中有哪些工作事项要执行，每个工作项目大概花多少时间，又有哪些需要业主配合作业。室内装修案一般是以甘特图为主要表现进度的图表种类，而网络图通常是在较大型案例中使用，甘特图是以时间为横轴，工程项目为纵轴，依个别工程所需的时间做合理的推估并划记在进度表上，绘制工程进度表的人最好具有一定的工程经验，而设计进度要由设计师推估好，工作项目的开列要合理，放在简报中的进度表要以主要工作项目为主，不需要每项工作细节都列出，会造成阅读上的困难，因为密密麻麻的文字和线条通常是不太受欢迎的。

预算估价

估价单也与工程进度表相同，不需要详列过多细项，一般都是以整体设计费用或是工程总经费为主，整合一些项目用总表方式呈现亦即可。而估价单和进度表都是在整体简报中的后段尾声时说明，主要还是放以设计说明和表现相关设计的版面为主。

公司简介

最后的章节通常会放公司或个人以及团队的相关经历及作品，以表达专业上的能力及团队的坚强阵容，这个章节最好是放在最后的版面，不要放在开头，会占用设计简报的时间，有时当设计简报时间不够时，最后一张可不说，让听的人详阅你给他们的附件数据即可，不要本末倒置地说太多与设计无关的东西。

精准挑选照片很重要，简报内照片不一定要多，但要能足够说明设计上的内容，当然根据设计师及案例内容的不同也会有不同的选择图片的方式。所以每张简报最好以 1~2 张图片呈现为较佳的方式，相对在挑选照片时的分辨率要特别留意，有时也常见需经过后期制作才能使用的情况，无法清楚辨识图纸的全貌。将设计好的图纸做区分，并经过后期制作的处理，这里的处理说的是上色块及立体感的呈现，会让图纸看起来较有质感。当然另一方面不同意象图及风格也要做区分，不可混为一谈。

如何说一个简报？

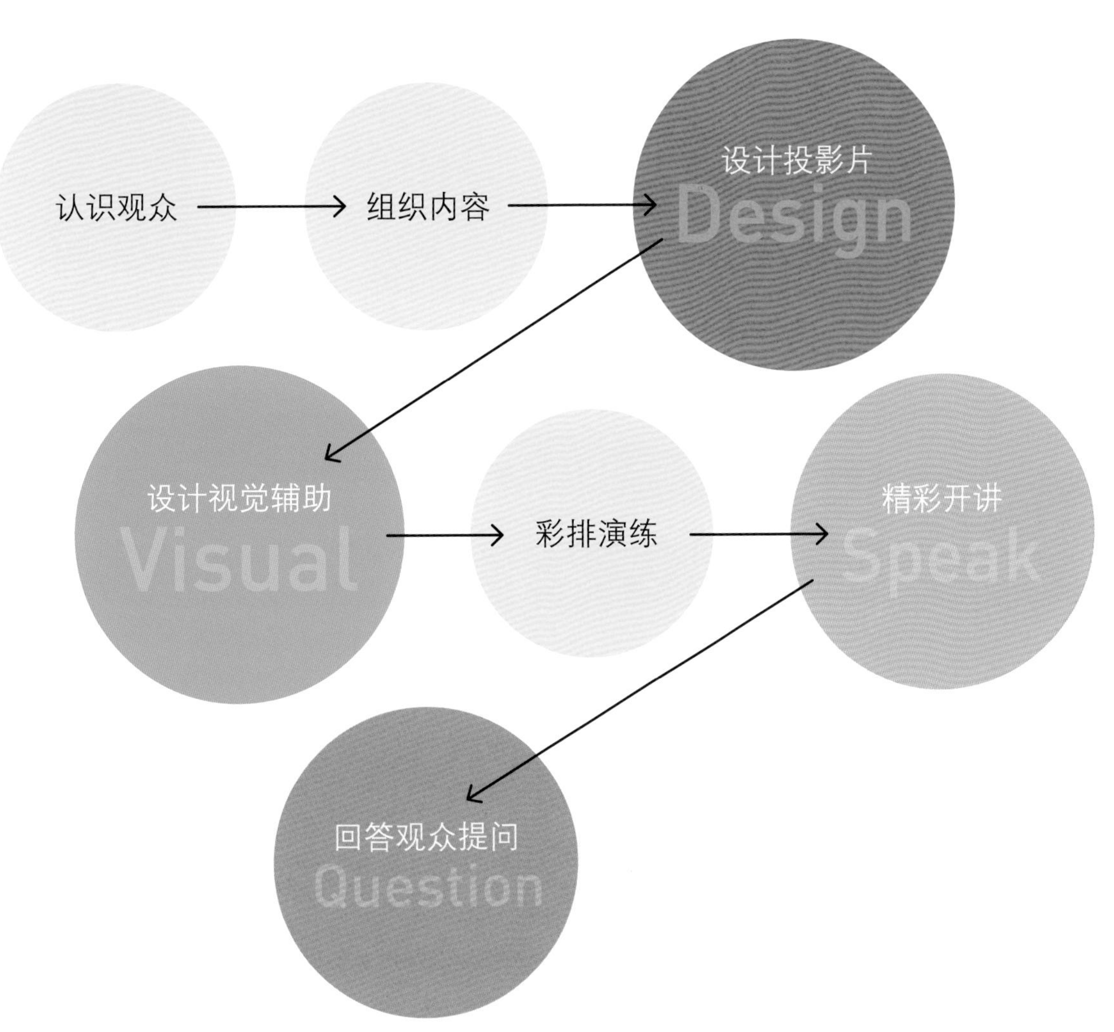

1 认识观众	⋯>	我们的听众是谁？可以用记者常用的五个 W 开始（Who, What, When, Where and Why）
2 组织内容	⋯>	不要空泛 / 锁定主题 / 研究过的主题
3 设计投影片	⋯>	字体大小 / 底图 / 简要标题 / 字数控制
4 设计投影片	⋯>	图表 / 图片 / 影片 / 模型 / 漫画 / 文字
5 彩排演练	⋯>	时间控制 / 讲义准备 / 主文熟记
6 精彩开讲	⋯>	认识会场 / 欢迎听众 / 速度放慢 / 喝水缓和
7 回答观众提问	⋯>	顺序回答 / 简洁有力 / 感谢提问

商业空间简报局部范例：

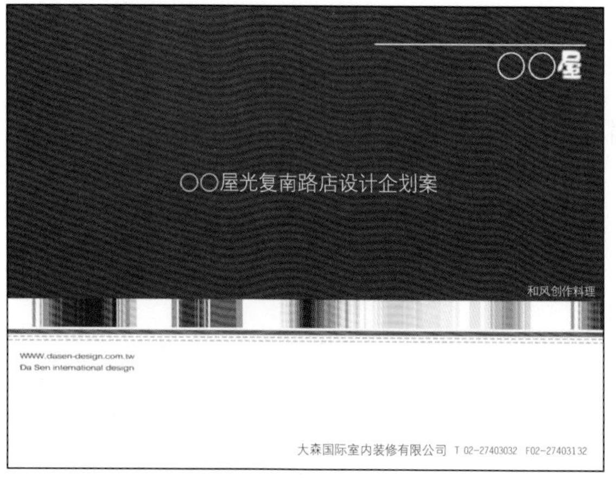

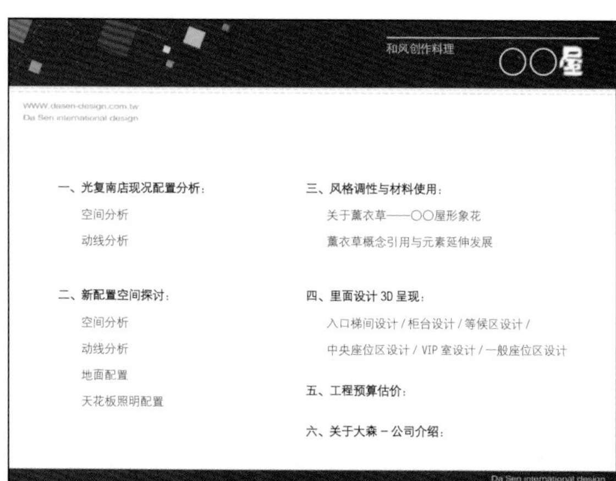

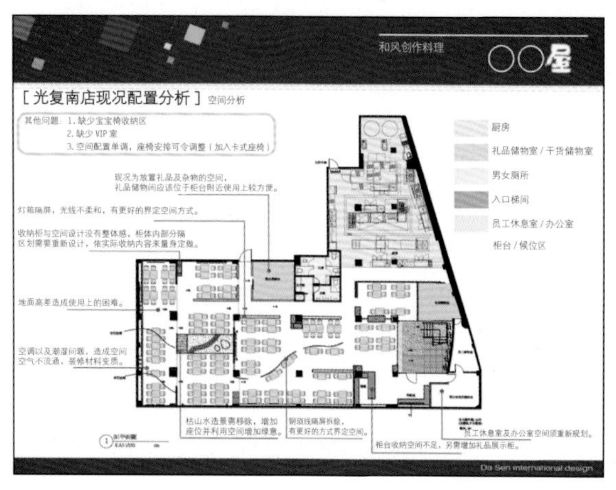

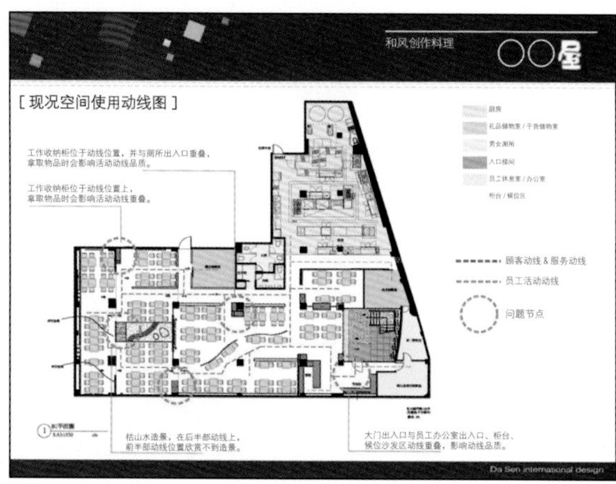

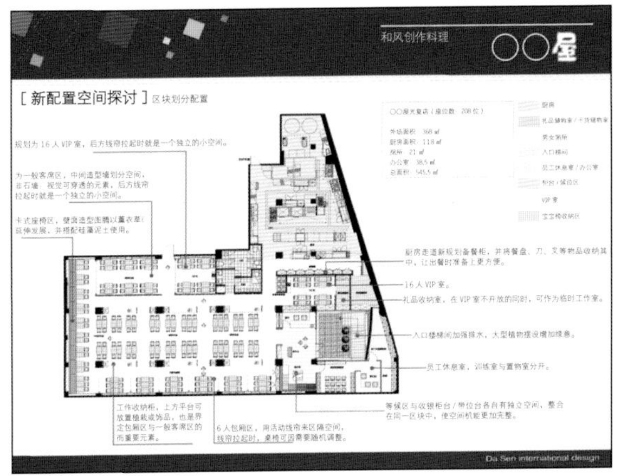
和风创作料理
〇〇屋
[新配置空间探讨] 区块划分配置
规划为 16 人 VIP 室，后方线帘拉起时就是一个独立的小空间。
为一般客席区，中间造型墙划分空间，非石墙，视觉可穿透的元素，后方线帘拉起时就是一个独立的小空间。
卡式座椅区，壁面造型图腾以薰衣草延伸发展，并搭配硅藻泥土使用。
〇〇屋天复店（座位数：208 位）
外场面积：368 ㎡
厨房面积：118 ㎡
办公室：38.5 ㎡
总面积：545.5 ㎡
厨房
礼品储物室 / 干货储物室
男女厕所
入口楼间
员工休息室 / 办公室
柜台 / 候位区
VIP 室
宝宝椅收纳区
厨房走道新规划备餐柜，并将餐盘、刀、叉等物品收纳其中，让出餐时准备上更方便。
16 人 VIP 室。
礼品收纳室，在 VIP 室不开放的同时，可作为临时工作室。
入口楼梯间加强排水，大型植物摆设增加绿意。
员工休息室，训练室与置物室分开。
工作收纳柜，上方平台可放置植栽或饰品，也是界定包厢区与一般客席区的而重要元素。
6 人包厢区，用活动线帘来区隔空间，线帘拉起时，桌椅可因需要随机调整。
等候区与收银柜台 / 带位台各自有独立空间，整合在同一区块中，使空间机能更加完整。
Da Sen international design

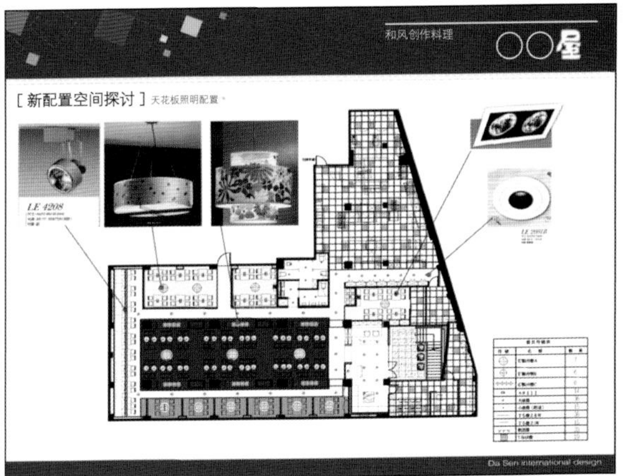
和风创作料理
〇〇屋
[新配置空间探讨] 天花板照明配置
Da Sen international design

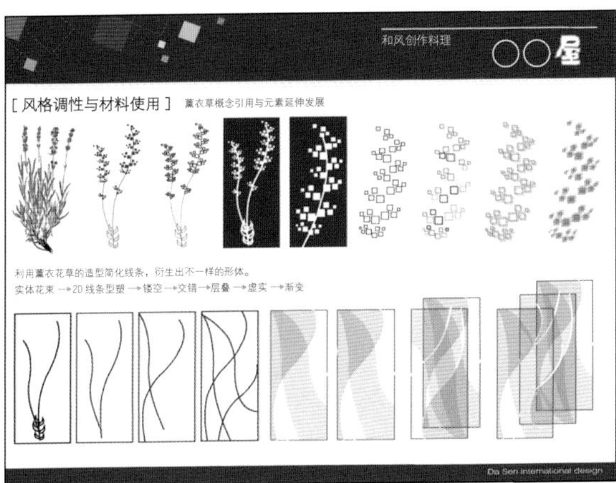
和风创作料理
〇〇屋
[风格调性与材料使用] 薰衣草概念引用与元素延伸发展
利用薰衣草的造型简化线条，衍生出不一样的形体。
实体花束 → 2D 线条型塑 → 镂空 → 交错 → 层叠 → 虚实 → 渐变
Da Sen international design

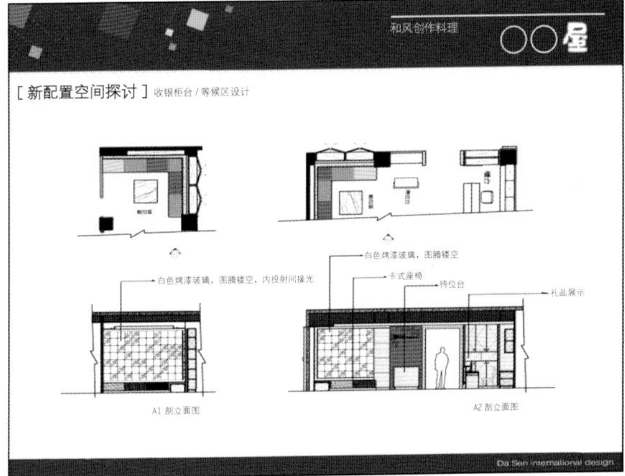
和风创作料理
〇〇屋
[新配置空间探讨] 收银柜台 / 等候区设计
白色烤漆玻璃，图腾镂空，内投射间接光
白色烤漆玻璃，图腾镂空
卡式座椅
待位台
礼品展示
A1 剖立面图
A2 剖立面图
Da Sen international design

和风创作料理
〇〇屋
[新配置空间 3D 呈现] 中央座位区
中央座位区，主灯成为视觉焦点，引导客人进入，两旁柜体围塑出的中央座位区，和两旁空间独立出来，自成一格的空间氛围。
Da Sen international design

和风创作料理
〇〇屋
[新配置空间 3D 呈现] 卡式座位区
卡式座位区以烤漆黑玻璃镂空薰衣草图腾元素，后方使用硅藻泥，作为镂空衬底，并有调节室内空气及湿度，提高环境品质之功能。
Da Sen international design

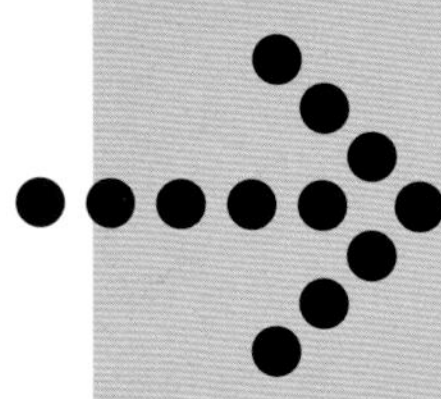

PART3

培养你的设计专业

工程实务

Engineering Practice

10 分钟看懂室内设计必备工程实务

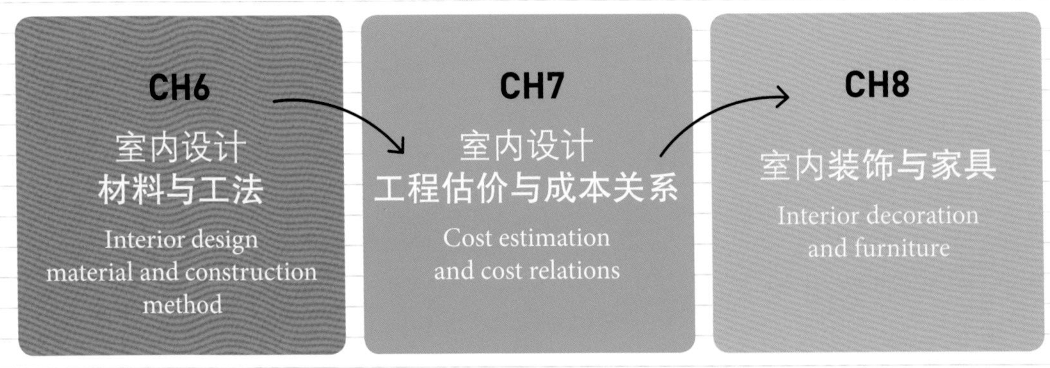

CH6

6.1 常用材料规格与尺寸

6.2 室内装修结构材与工法

6.3 室内装修底材与工法

6.4 室内装修面饰材与工法

室内装修的材料可以分为：

结构底材、结构面饰材、表面面饰材三种。

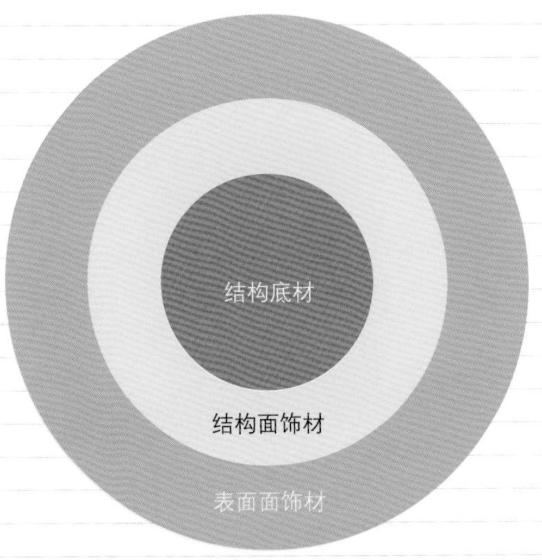

材料种类与施工方法

1. 结构底材

分类	材料	应用	工法
木质类	木角料、木心板	天花板骨架、地板架高骨架、壁面隔间骨架、壁板内的骨架、支撑固定橱柜、补强。	四边料 ➡ 纵向料 ➡ 横向料 ➡ 支撑料 ➡ 封板
金属类	镀锌铁件及钢、铁材	通常用在有结构安全性、防火、承重需求处，例如轻隔间。	用火药击钉固定镀锌铁槽的上下槽 ➡ 在上下槽中间立镀锌骨材 ➡ 在C型立柱中间放置横向支撑补强料
水泥类	水 + 水泥 + 砂 + 石头，加上不同号数的钢筋	建筑物主要构造物梁、柱、板、墙、屋顶、楼梯等。	组立单侧模板 ➡ 依图说规定绑扎钢筋 ➡ 组立另一侧模板并等待灌浆
砖石类	红砖	早期的结构与隔间较常使用，现多用在有防水之虞的卫生间或厨房。	浸润红砖 ➡ 拌合黏结材水泥浆 ➡ 在地面放置水泥浆 ➡ 放第一层砖 ➡ 调整水平 ➡ 放置第二层砖 ➡ 再放置第二层水泥砂浆黏结材 ➡ 依序放置红砖并检查水平及垂直精度

2. 结构面饰材

分类	材料	应用	工法
木质类	夹板或木心板	一般在木骨架施作完成后，会钉上夹板及防火板材，以保护及修饰木结构底材。	在木骨架上用空气钉枪将夹板固定于木质结构材上，并在板材间预留适当间缝方便后续补土。
金属类	不锈钢板或铁板	常见的有铝板、不锈钢板、铁板等。将金属结构做适当的包覆及遮盖。	用焊接或自攻牙螺丝固定钢板及铁板于金属骨架用。
水泥类	1:2 及 1:3 水泥砂浆	在水泥或砖结构施工完成后，在其表面涂布一定厚度的砂浆层。	将红砖先淋湿后用 1:3 水泥砂浆粗底层打底 ➡ 再用 1:2 水泥砂浆做细底层
混合类	硅酸钙板、石膏板、水泥板等。	通常应用在具有防火、防水、隔热等特殊物理性质及防火安全规定上。	1. 用自攻牙螺丝及空气钉枪将板材固定在砖墙或金属及木质结构底材上。 2. 固定在木角材骨架上；若用在天花板时最好在骨架上面上白胶。

3. 表面面饰材（表面面饰材种类众多，以下为常见说明，其他详见 6.3）

分类	材料	应用	工法
木质类	木皮	柜体或壁面、门板	将木薄片泡水后阴干 ➡ 布胶于被粘贴物上 ➡ 用熨斗加热烫平粘贴 ➡ 用美工刀裁切多余边料
	海岛型地板	地板	清洁地面不可起砂或潮湿 ➡ 钉底板时确认底板紧贴于地板面上 ➡ 钉面板材须在墙面四周预留伸缩缝 ➡ 最后填补硅胶
塑化合成类	塑胶地砖	地板及壁面	地板凹凸处用水泥砂浆或石膏补平 ➡ 要用专用的压力胶布粘贴 ➡ 有高低差时用金属制收边条收边

分类	材料	应用	工法
纸质类	美耐板	家具、厨具、柜体、门片、壁板	以圆锯机切割大面积，用美工刀切割小面积➡尺寸要比工作面大 5 mm➡以强力胶布胶➡放置等待不沾手的黏度后粘贴➡用修边机修饰面料
	壁纸	壁面	墙面用石膏或水泥砂浆做平整修补➡用布胶机于壁纸后均匀布胶（壁纸专用胶）➡由上而下粘贴➡用塑胶刮刀刮平密压紧贴➡用湿布清洁残胶

6.5 室内设计材料板制作

材料板主要是提供未来在空间上会使用的各种建材，可以使业主更具体地了解选用的建材；通常是以表面贴饰材为主，偶尔会有结构底材的呈现。

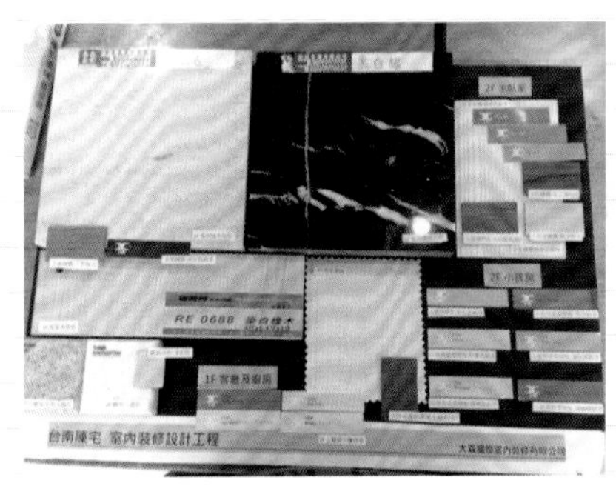

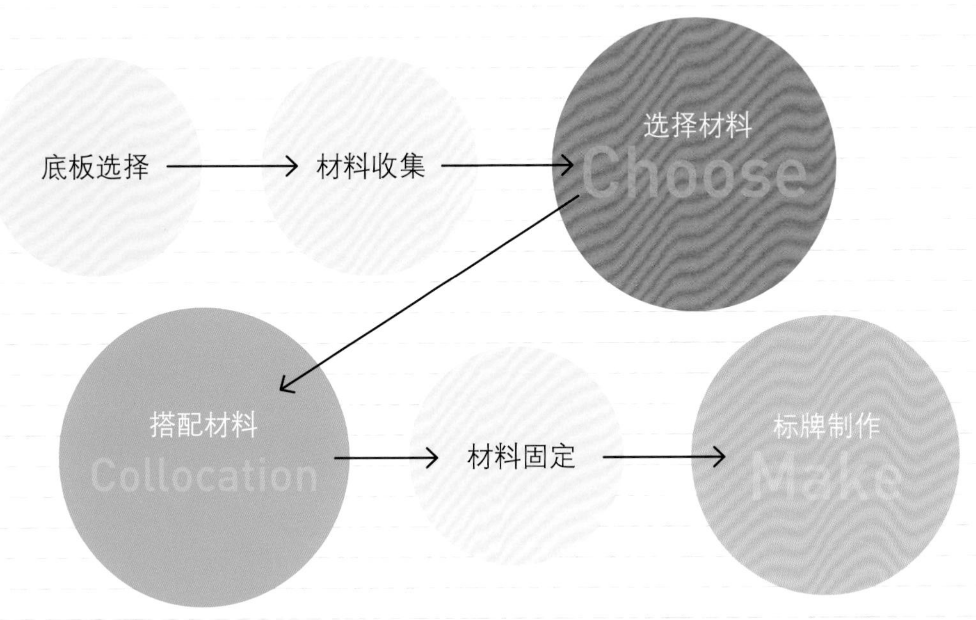

CH7

7.1 设计及工程估价概述

概算估价：刚开始时初步估算的费用，通常以平方米为计价单位。

精细估价：在案子拿到以后，并且设计图绘制完成后所开列的明细报价。

7.2 估价单撰写原则与方式

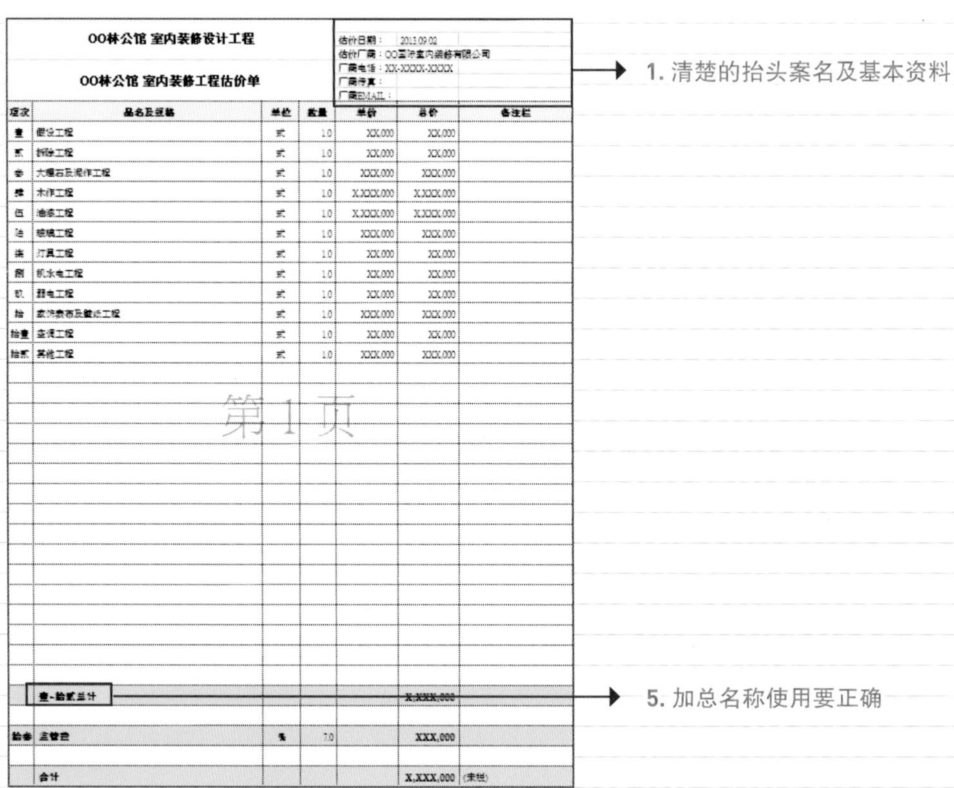

OO林公馆 室内装修设计工程

OO林公馆 室内装修工程估价单

估价日期：2013.09.02
估价厂商：OO国际室内装修有限公司
厂商电话：XX-XXXX-XXXX
厂商传真：
厂商EMAIL：

项次	品名及规格	单位	数量	单价	总价	备注栏
壹	假设工程	式	1.0	XX,000	XX,000	
贰	拆除工程	式	1.0	XX,000	XX,000	
叁	大理石及泥作工程	式	1.0	XXX,000	XXX,000	
肆	木作工程	式	1.0	X,XXX,000	X,XXX,000	
伍	油漆工程	式	1.0	X,XXX,000	X,XXX,000	
陆	玻璃工程	式	1.0	XXX,000	XXX,000	
柒	灯具工程	式	1.0	XX,000	XX,000	
捌	机水电工程	式	1.0	XX,000	XX,000	
玖	弱电工程	式	1.0	XX,000	XX,000	
拾	家饰表布及壁纸工程	式	1.0	XXX,000	XXX,000	
拾壹	空调工程	式	1.0	XX,000	XX,000	
拾贰	其他工程	式	1.0	XXX,000	XXX,000	
	壹~拾贰总计				X,XXX,000	
拾叁	监管费	%	3.0		XXX,000	
	合计				X,XXX,000	(未税)

报价单总表

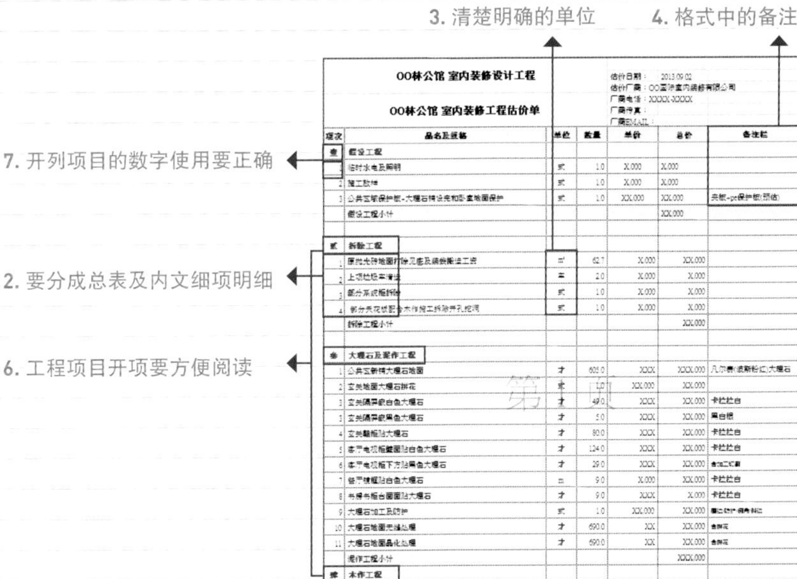

OO林公馆 室内装修设计工程

OO林公馆 室内装修工程估价单

估价日期： 2013.09.02
估价厂商：OO国际室内装修有限公司
厂商电话：XXXX-XXXX
厂商传真：
厂商EMAIL：

项次	品名及规格	单位	数量	单价	总价	备注栏
壹	假设工程					
1	临时水电及照明	式	1.0	X.000	X.000	
2	施工放样	式	1.0	X.000	X.000	
3	公共区域保护板-大理石铺设完和卧室地面保护	式	1.0	XX.000	XX.000	夹板+pe保护板(预估)
	假设工程小计				XX.000	
贰	拆除工程					
1	原地光砖地面打除见底及垃圾搬运工资	m²	62.7	X.000	XX.000	
2	上项垃圾车清运	车	2.0	X.000	X.000	
3	部分系统柜拆除	式	1.0	X.000	X.000	
4	部分天花板配合木作施工拆除开孔挖洞	式	1.0	X.000	X.000	
	拆除工程小计				XX.000	
叁	大理石及泥作工程					
1	公共区新铺大理石地面	才	605.0	XXX	XXX.000	凡尔赛(波斯粉红)大理石
2	玄关地面大理石拼花	式	1.0	XX.000	XX.000	
3	玄关隔屏嵌白色大理石	才	49.0	XXX	XX.000	卡拉拉白
3	玄关隔屏嵌黑色大理石	才	5.0	XXX	XX.000	黑白根
4	玄关鞋柜贴大理石	才	80.0	XXX	XX.000	卡拉拉白
5	客厅电视柜壁面贴白色大理石	才	124.0	XXX	XX.000	卡拉拉白
6	客厅电视柜下方贴黑色大理石	才	29.0	XXX	XX.000	含加工切割
7	餐厅镜框贴白色大理石	m	9.0	X.000	XX.000	卡拉拉白
8	书房书柜台面面贴大理石	才	9.0	XXX	X.000	卡拉拉白
9	大理石加工及防护	式	1.0	XX.000	XX.000	[illegible]
10	大理石地面无缝处理	才	690.0	XX	XX.000	含拼花
11	大理石地面晶化处理	才	690.0	XX	XX.000	含拼花
	泥作工程小计				XXX.000	
肆	木作工程					
一	室内壁面造型壁板工程					
1	玄关壁面封夹板	m	5.3	XXX	XX.000	
2	上项贴木皮板	m	4.0	X.000	XX.000	
3	玄关隔屏木作平台打底板	m	1.7	XXX	X.000	
4	客厅沙发背墙封夹板	m	8.0	XXX	XX.000	
5	上项贴木皮板	m	7.0	X.000	XX.000	

装修报价单细项

7.3 估价单与预算成本制作

图面绘制前的估价

通常是**用以往的经验推估**，借由面积的大小、工程范围、设计风格及复杂度、所用的材料等级等作为推估依据。

图面完成后的估价

就以往公司的发包单价做估算，也可让厂商拿图去估算，估算出来的价格就是接近预算价格，也就是说**这个案子预计用多少钱将它发包出去执行**的意思。

实施估价

工程进行中或开始时，请相关施工厂商到现场勘察或看现场施作的部分，通过实地的了解以及更详尽的说明后所做的估价调整。

CH8

8.1 常见室内设计及家饰风格概述

1. 巴洛克与洛可可	华丽高贵	染色的玻璃、卷曲对称的柱型、大面落地镜和地面上使用有色的大理石，天花板上也多花草线板装饰并安装水晶吊灯。
2. 工业风	粗犷	材料如钢铁、混凝土、铝材、玻璃、铆钉等，表现工厂样貌的管线外露形式。
3. 新古典	回到希腊与罗马的古典样式	丰富的色彩、罗马柱式、壁炉和水晶宫灯；室内装饰线板大都以花草、贝壳、拱门为主；强调空间的对称、比例、空间的主从关系等。
4. 新艺术风格	简化古典线条的美学	许多建筑及室内常用的五金及家具形式都以花草的线条及曲线作为设计上的元素，会特别强调手工家具和手染织品及壁纸花纹的应用。
5. 混搭风	多元搭配	不拘一格的设计，有可能是西方与东方风格上的搭配，也有可能是乡村与工业风的搭配。从材料、家具、家饰、色彩上都可以作为搭配的元素。
6. 地中海风	南欧海岸风情	拱窗及拱门、假的木梁；材质元素有陶砖、石头、有图案的瓷砖或是花砖；色系上常见海水蓝（Aqua）。
7. 乡村风	欧美乡村风格	有年代的原木家具、壁面灰泥涂饰、陶砖或石板样式地板、烛台吊灯、天花板木梁装饰。
8. 装饰艺术	色彩丰富、大胆前卫	不锈钢、镜子、玻璃、漆器、大理石、皮件及木头镶嵌稀有材料等；树叶、树枝、羽毛主题样式；颜色强调明亮与对比，常见红、蓝、绿、深黄、银、黑等色；织品上常见格子花及花卉图样，地板所用材料有黑白大理石或抛光拼接木地板样式等。

9. 北欧风	大量木头家具为主的简约样式	简约木头家具；以开放空间为架构，并用家具作为空间中的分隔，平面是一种有机自由发展的样式。
10. 转变古典	专注于简约的古典装饰	古典线条的简化，尝试多元材料上的组合，着重在材料使用上的质感以及颜色，反映出高雅气质。
11. 现代	维持一种简单整齐样式的当代设计风格	简洁有力的垂直与水平线条，大片开窗，理性几何图形，黑、灰、白等大量中性色调。

8.2 家具选用与搭配技巧

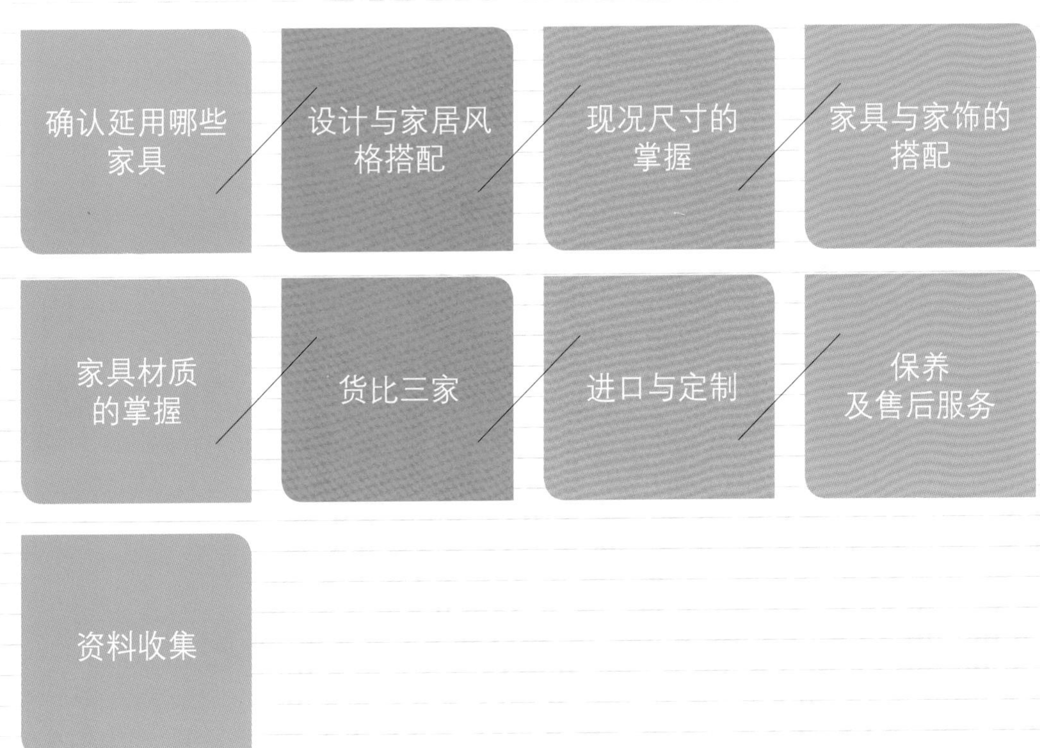

6.1 常用材料规格与尺寸

室内设计及装修过程中所用的材料种类繁多，无法在此书中一一详细说明，市面上亦有书籍介绍相关设计装修材料，并有详尽的说明解释。本章就一般常见的装修材料做分类说明，并进一步说明其材料规格及工法应用和施工时应注意的事项。

室内装修材料的大分类可分为结构底材、结构面饰材、表面面饰材。

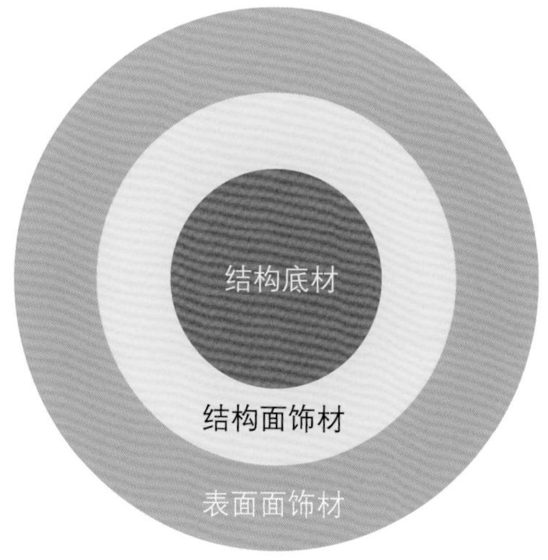

一．结构底材

顾名思义结构底材这类建材是作为装修工程中的基础结构材料，具有一定的结构力学上的功能，担负了承重功能以及抵抗外力的功能，因此在装修过程中结构底材的选择与应用不可不仔细思考谨慎选择。

结构底材我们还可分成木质类结构底材、金属类结构底材、水泥类结构底材、砖石类结构底材。

1. 木质类结构底材

木质类结构底材主要是用来做天花板骨架、板架高骨架、壁面隔间骨架、壁板的骨架、支撑固定橱柜使用。木质类结构底材以实木（完整的木材）及集成木材（合成木材）为主，早期都以柳安实木为主要结构底材，并因环境及防火上的需要，以浸泡或喷涂药剂方式发展出防腐角材及防火角材。但是由于柳安实木角材时常发生虫害问题以及垂直的精度上较有变形弯曲的情况，因此另外发展出将实木刨成薄片并用不同的纤维方向交迭胶合而成的集成角材。

挑选时要避免选到劣质的集成角材，劣质的材料会有脱胶裂开的现象。当然也有很好的实木角材例如红木实木角材，其材料变形情况较小发生，质地较密，也较防虫蛀，不过价格也相对较高，在一般室内家居空间中除非有特殊原因或业主需求才会使用。

天花板骨架

集成木角材

天花及隔间骨架

壁面封壁板骨架

柳安红木实木天花木角材

2. 金属类结构底材

金属类结构底材以镀锌铁件及钢材为主，会用到金属结构底材的地方通常有结构安全性、防火、承重等几种问题，例如要具备一个小时以上的防火轻隔间墙和天花板，都需要用到金属结构底材作为骨架支撑及悬吊之用，有时架高地面高度超过 60 cm 时会建议使用金属结构底材支撑，还有夹层的骨架施工，夹层楼板因具有结构承载性，需要用金属的结构底材C型钢来做结构，才能具有一定的力学上的要求。

楼梯金属结构底材

轻钢架金属天花骨架

轻钢架金属隔间骨架

3. 水泥类结构底材

这类的材料是以混凝土、钢筋为主的结构底材，混凝土是一种抗压材质，钢筋是一种抗拉材质，也是依建筑工程施工要求用在建筑物主要构造物如梁、柱、板、墙、屋顶、楼梯等构件的主要材料。这类的结构底材都具有一定的结构承载及防火上的要求，所以最好不要因为格局上的要求轻易地拆除或破坏，很有可能会破坏整栋大楼结构安全及防火区划的设计。

这类的结构底材施工最好要请专业的厂商施工，因为安全与质量在相关规定上都有相应的要求，很多土木包工或泥工也会做，但至于在质量上是否能达到一定的安全要求就很难说。

钢筋混凝土墙体施工钢筋绑扎

钢筋混凝土结构

4. 砖石类结构底材

砖石类结构底材主要以石头及红砖为结构，目前较少见到石类结构，但还是保留不少早期用石头堆砌而成的房屋，这类表面通常就不再处理，主要特色就是石类的纹理及颜色表现出的质朴感。从以前的四合院闽式建筑外观结构，到近代四楼下的加强砖造结构，还有现在的老公寓及大楼的室内隔间，都见得到砖的应用。砖承重效果好，防火及隔音性佳，但由于近年来高层建筑的兴起，使砖结构慢慢退出高层建筑，毕竟砖墙的重量远大于轻隔间，建筑物在地震中的破坏也会更严重一些，故现在许多高楼都以轻质混凝土隔间或轻隔间当作室内隔间系统。

通常砖构造做完后还会用结构面饰材来作为保护，砖构造的质量主要取决于砖的黏结材及砌砖过程的步骤程序是否有照标准施工法，否则容易产生一些裂痕及安全上的问题。

白砖隔间补门洞

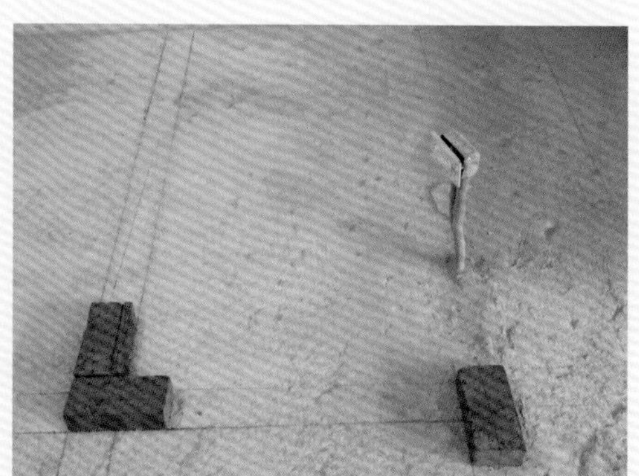

红砖结构墙现场位置放样

红砖砌砖隔间

各类结构底材与结构面饰材的应用范围

	木质类	金属类	水泥类	砖石类	混合类
结构底材	天花板骨架、地板架高骨架、壁面隔间骨架、壁板的骨架、支撑固定橱柜。	通常用在有结构安全性、防火、承重需求处，例如：防火轻隔间墙和天花板、超过 60 cm 的架高地面、夹层楼板。	建筑物主要构造物梁、柱、板、墙、屋顶、楼梯等。	早期的结构与隔间较常使用。	×
结构面饰材	一般在木骨架施工完成后，会钉上夹板及防火板材，以保护及修饰木结构底材。	常见的有铝板、镀锌钢板、不锈钢板、铁板等。将金属结构做适当的包覆及遮盖以达到防火安全及耐候的要求。	在钢筋混凝土施工完成后，在其表面涂布一定厚度的砂浆层，可分为粗底及细底两层。	在砖结构施工完成后，在其表面涂布一定厚度的砂浆层，可分为粗底及细底两层。	通常具防火、防水、隔热等特殊物理性质，如硅酸钙板、石膏板、水泥板、氧化镁板等。可以跟金属、木质等底材固定。

二、结构面饰材

当结构施工完成后，为使结构底材有一定的保护以及更好地与表面面饰材的衔接，而必须在结构底材外施作一层结构面饰材，这类的面饰材亦可分为木质类结构面饰材、水泥类面饰材、金属类结构面饰材。

1. 木质类结构面饰材

一般在木骨架施工完成后，会钉上夹板及防火板材，以保护及修饰木结构底材，而这类木质结构面饰材又以夹板为最主要的材料。夹板是将原木用旋切法刨成薄木片后，再层层叠叠地将不同方向纤维的薄木片交织摆放后加压胶合而成，所以夹板都是奇数层，最上面一层与最下面一层的纤维方向相同。

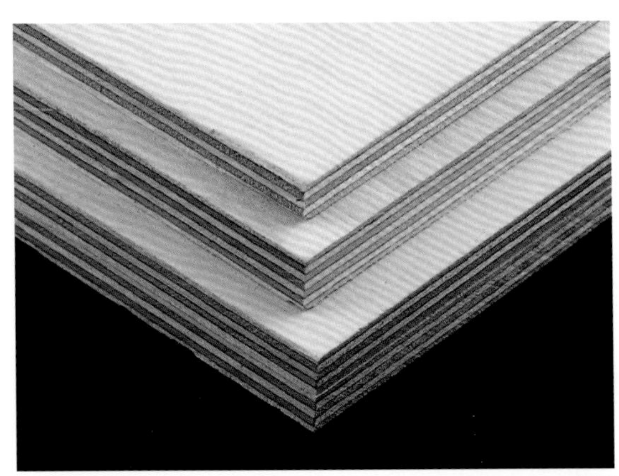
夹板

胶合技术的好坏及木料的等级决定板材的良莠，目前不少夹板为进口，有的质量不好只能用在室外或临时性建筑物上，要用在室内的夹板最好要挑选有质量保证的厂商，不然面饰材一上去可能就会陆续出现问题，现在台湾自己做的夹板虽不比以前的优质，但比起其他进口的来看还是不错的。

在室内装修中，结构面饰材的好坏将决定表面面饰材的表现或整体的施工质量，主要是因为它有将结构底材和表面面饰材衔接起来的功能，所以质量一旦有问题将会影响外观甚至结构底材。

夹板常见的尺寸可分为以下几种：
（宽 × 长）3 尺 ×6 尺、3 尺 ×7 尺、4 尺 ×8 尺等。厚度及应用范围请参考下表。

种类	厚度	应用范围
1分~2分夹板	3~5 mm	用在壁面或橱柜底板较多，还有造型垫厚、收边材料。
3分夹板	7~9 mm	用在木隔间面板、木夹板天花板、壁面造型板或壁板、门片封板、橱柜封板。
4分夹板	9~12 mm	4 分以上的夹板开始具有较佳结构支撑性，通常会用在木地板的底板、橱柜立板或表面封板、壁面造型及垫厚、门框等部位。
5分~6分夹板	13~18 mm	用在橱柜、桶身，以及桌板等部位。

门框夹板包边——3 分夹板

夹板封壁板——4 分夹板

造型壁板夹板塑形——5 分 ~6 分夹板

柜体——6 分夹板

2. 金属类结构面饰材

金属类的结构面饰材较常用的材料为铝板、镀锌钢板、不锈钢板、铁板等，这都是将金属结构做适当的包覆及遮盖以达到防火安全及耐候的要求，也常常在这些金属面材上做图样或再加工的处理，让金属材质有不一样的表面质感达到设计上的美学要求。

这些金属面饰材都是以厚度mm（毫米）来表示规格，而不锈钢的规格还以碳的含量作区别，价格有时会有很大的出入，所以在使用上或图面上的标示要非常清楚，详细交代加工方式及规格尺寸等。

有的金属结构面饰材会有氧化生锈的问题，最好要在其表面喷涂一层防止与空气接触的面漆，通常用红丹漆、透明漆、油漆等。金属结构材在施工时会产生收缩膨胀的情况，所以最好在安装固定前能做假安装的步骤，以防尺寸不正确或位置偏移。

立面铁件及铁板造型

金属结构底材面封钢板

3. 水泥类结构面饰材

这类的材料是在水泥或砖结构施工完成后，在表其表面涂布一定厚度的砂浆层，可分为粗底与细底两层，先做粗底层再做细底层，当细底层做完后等待干燥后即可在上面做上漆的前置作业批土动作。

粗底层是用 1∶3 水泥砂浆打底，细底层是用 1∶2 水泥砂浆打底。这边所谓 1∶2 或 1∶3 指的是水泥与砂容积比，早期施工现场都有量筒，现在有许多师傅是依经验来做调配，用 1 分水泥 3 分砂的容积一起拌合后再加上适当的水均匀搅拌而成，砂浆必须在浇水拌合后 40 分钟至 1 个小时内要用完，因为水泥碰到水开始会产生水化热所谓的初凝现象，如果不用完会渐渐干硬，就无法将砂浆涂布在壁面上了。砂浆层除了用于打底外，也当作红砖及瓷砖间的黏结材使用，而红砖的质量优劣有一部分就跟这黏结材有关。

地面硬底粉刷

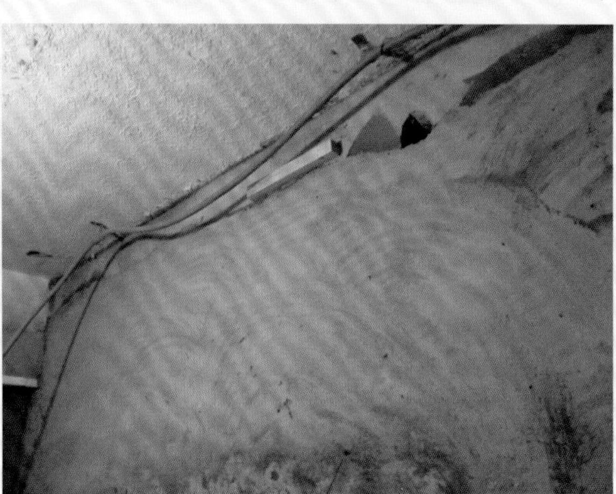
砌砖完壁面粗底粉刷

水泥砂浆配比

4. 混合材结构面饰材

这类材质通常具有一些特殊的物理性质，如防火、防水、隔热、隔音等，常见的材料如硅酸钙板、石膏板、水泥板、氧化镁板等。这些混合材的耐冲击性不高，都需要有结构底材来与它们衔接，可以跟金属、木质骨架或水泥及木质底材固定。

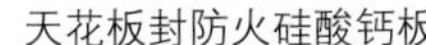

天花板封防火硅酸钙板

轻隔间封水泥板

三、表面面饰材

这类的建材是装修建材中数量种类最多的，主要是贴附、黏着、固定在结构面饰材上或者结构底材上，表现设计上的美感、风格、使用功能，部分材料也有防止使用上损伤及抵抗环境气候的功能，有不少建材是以两种以上的材料加工合成而成为一种建材，再贴附固定于结构面饰材上，这类的建材可分为木质类面饰材、塑化合成类面饰材、涂料类面饰材、纸质类面饰材、砖及矿石类面饰材、天然材质类面饰材、铁铝材质类面饰材、聚合物类表面面饰材。

表面面饰材种类

木质类表面面饰材

有木皮、木皮板、木质线板、波丽板、实木地板、海岛型地板

系统板

塑化合成类表面面饰材

塑胶地砖、地毯、人造石、塑胶皮革、塑胶皮、发泡线板、塑铝板

波隆地毯

涂料类表面面饰材

水泥漆、乳胶漆、防锈漆、防火漆

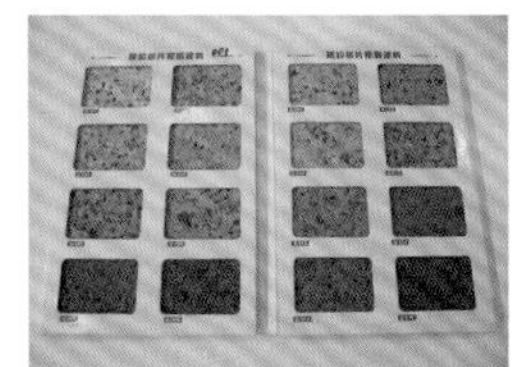
石头漆

纸质类表面面饰材

美耐板、壁纸、超耐磨木地板、中密度纤维板（MDF）

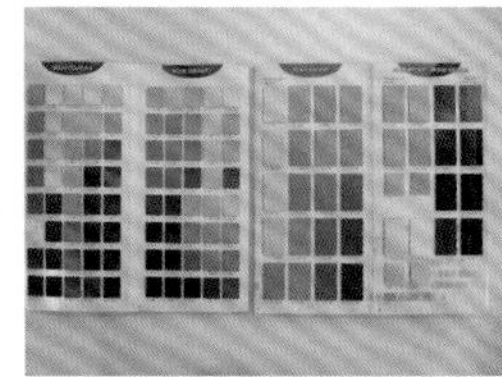
美耐板

砖及矿石类表面面饰材

花岗石、大理石、板岩化石、清水砖、文化石、抛光石英砖、施釉砖、马赛克、寒水石、七厘石

大理石

天然材质类表面面饰材

贝壳板、硅藻土、环保塑胶地砖、天然材壁纸、真皮皮革、护木油

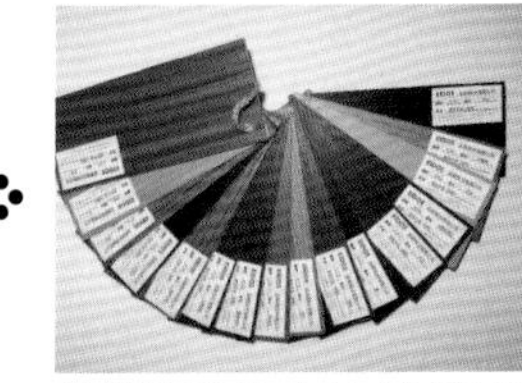
天然涂料护木油（以涂刷在木皮上不同颜色）

铁铝材质类表面面饰材

铝板、镀锌铁板、不锈钢板

塑化合成塑铝板

聚合物类表面面饰材

玻璃、镜子、压克力

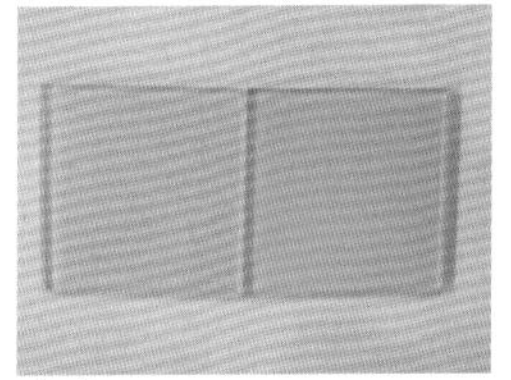
玻璃

这些建材种类繁多，在使用过程中要考虑其安全性、物理性、机能性、美感、预算等各种问题，最好由设计师提出自己的使用想法，与业主讨论后再决定最后的使用建材，因为每个人对材料的喜好和使用经验不同，切勿强加自己的想法给业主，否则容易造成相反效果。

6.2 室内装修结构材与工法

本节就针对室内装修常见的木质、砖石及金属类结构底材做说明。

木质结构底材材料工法在室内装修中，常见的做法是用木角料来施作，而这些角材的结构大多用在天花板、壁板、地板架高，这些部位的施工方法都有几个共通的特点：

- **下料的方式**：结构构成尺寸与板材有关（使用板材长宽的倍数）。
- **施工顺序**：大部分可从四边料开始 >> 纵向料 >> 横向料 >> 支撑料 >> 封板。
- **材料使用相同**：大都是使用实木柳安角材或集成材 1×1.2 寸为主，地板架高部分有时会用 1×1.8 寸的规格，以增加其垂直载重的支撑性。

天花板及地板架高都是有**水平高程精度**的要求，所以在施工前都会在施工环境的墙壁面，用红外线镭射射出一条水平的红外线，此红外线为高程水平线，当用墨线被划记出来后，即可下四边料再下纵向料、下横向料最后下支撑料并微调整骨架正确高程后封板。

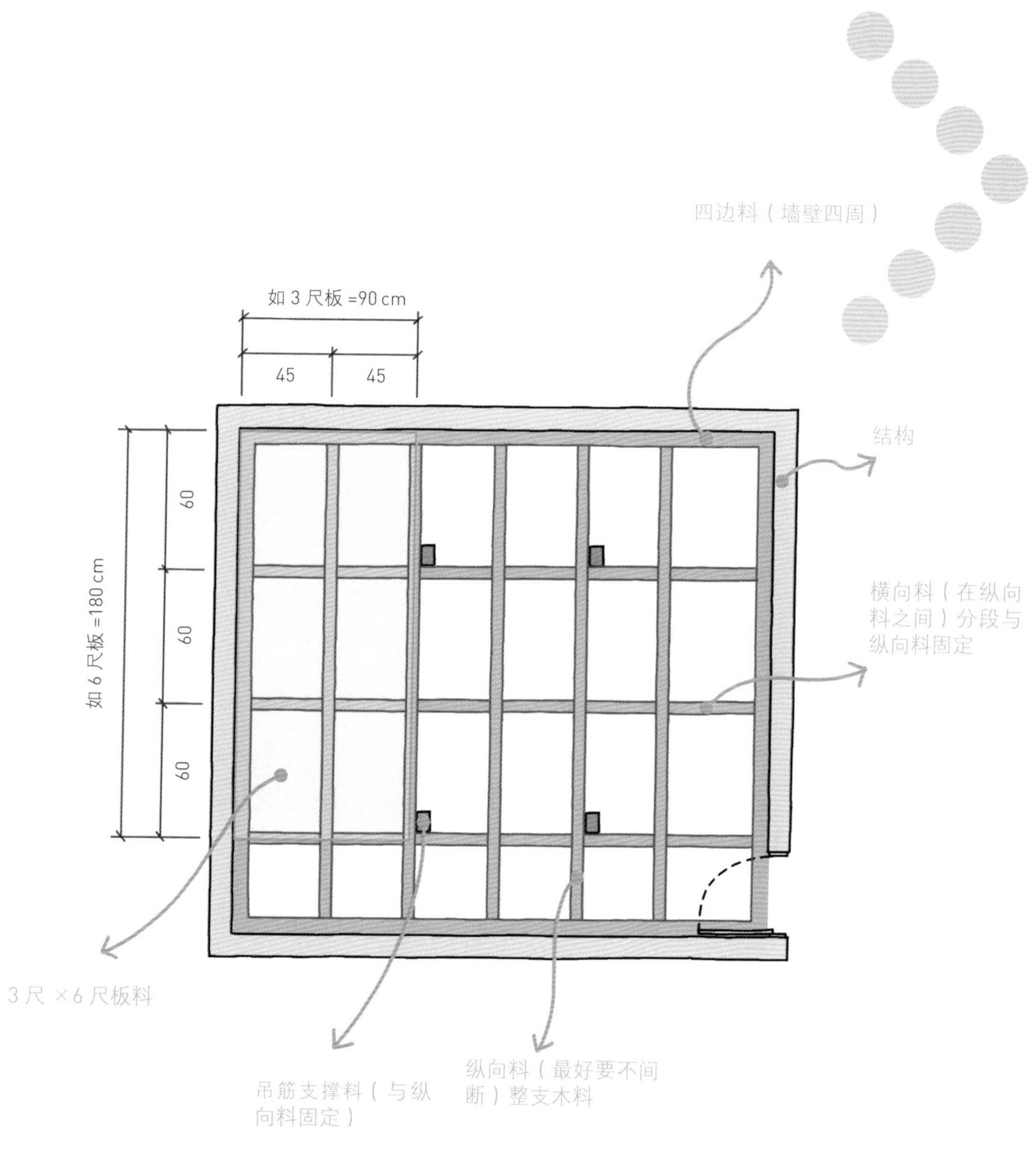

天花骨架与板材尺寸使用说明

1. 红外线标定天花高程后钉四边料

2. 钉纵向料

3. 钉横向料及吊筋

4. 天花板木角材骨架

5. 红外线镭射水平仪标定天花板高程

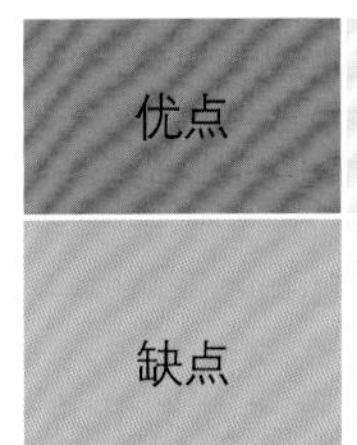

砖石结构底材在近几年的轻装修风潮下，渐渐有减少的趋势，但还是会出现在一般的施工现场中，尤其是在须有一定支撑力的墙壁上，或者有防水隐患的厕所或厨房空间中。砖是室内装修中常用的结构材料，砖的主要材料是黏土或是页岩、泥岩等，通过挤压成形后经高温 900~1100 度烧制而成，砖在烧制过程中会随温度高低产生收缩，也会产生不同尺寸的砖。

目前中国相关标准规定砖的尺寸为 240 mm × 115 mm × 53 mm，但现在的砖的尺寸也有 240 mm × 115 mm × 90 mm（八孔砖）、390 mm × 190 mm × 190 mm（空间砖）等多种规格。

砖石结构优缺点

优点	隔热好、耐磨性佳、冬暖夏凉（吸热慢、散热慢）、较耐震（低矮建筑）。
缺点	施工期长、重量较重（在高层建筑中较不耐震）、整体施工品质会因黏结材及红砖吸水率不同而变化大、费用高。

红砖墙要有一定强度的品质，在施工过程中的几个关键因素：

1. 砌砖前砖的质量要进行筛选，避免使用到一些废炉渣及河川沉积土烧制的砖。
2. 水泥砂浆（砖的黏结材）配比的容积比要正确，避免过多与不足，否则也会影响黏结强度。
3. 施工前要浸润红砖，让红砖吸饱水分，不至于吸收到水泥砂浆的水，让水泥砂浆（黏结材）有足够的水产生水化热，才会产生强度。
4. 红砖施工过程上下层（皮）砖要破缝，也就是上下层的砖垂直砖缝不在同一条在线，否则砖受力时容易裂开。
5. 上下层砖的重叠部分不得少于 1/4，否则垂直力量的载重传递会不平均，影响负重强度。

6. 砌砖前要拉设重直与水平基线（用尼龙线设于预砌砖墙位置的四边，每砌一层要校正水平及垂直精度，让砖墙有正确的精度。

7. 水泥砂浆在铺设于每层砖上时，要满浆并均布在每个砖面上（水平缝），砖的侧边亦同（垂直缝），让每块砖、每层砖都彼此相互黏结，才能使整面砖墙有一定的强度，并具有防止水气渗入的功能。

1. 砌砖前放样及摆放红砖

2. 浸润红砖后方可施工（淡橘色砖是未浸润）

3. 水平垂直机种线拉设及阶梯状接口断面留设

4. 置浆及拨浆

金属类结构底材以轻钢架隔间内常用的骨材为主要材料，轻隔间主要是分隔建筑物室内空间的一种墙壁形式，其主要的构成可分三大部位，骨材、心材、面材。轻隔间骨材的材料是用热浸镀锌钢板滚扎成型的，而一般称 C 型立柱，构成骨材部分还有 U 型上、下槽，加强横杆等，在这骨架内填塞心材，也就是所谓的玻璃纤维棉或岩棉，提供隔热及隔音的效果，而面材就是一般常见的防火板为主要面材材料，如硅酸钙板、石膏板、水泥板等。

轻钢架隔间系统之所以渐渐受到大家青睐，主要有几个原因：施工速度快、价格较便宜、减轻结构重量等。

轻钢架骨架在承重上比较差，如果要在面材上锁挂上重物通常都还要在背后做补强动作，在骨架间补上钢板、角铁、木心板、砌砖等材料，才可以锁挂重物而不至于让骨架变形。

隔间墙内填塞红砖补强（挂重物）

轻隔间内填塞 60k 岩棉

轻隔间面墙面封水泥板

6.3 室内装修底材与工法

室内装修底材施工大都以夹板、防火板及水泥砂浆打底为主要材料，说明如下：

水泥砂浆，是以水泥＋砂＋水拌合而成的，以水泥及砂的容积比例为调配的依据，水泥及砂的使用都在相关标准中有明确规定，而水泥砂浆用的水必须清洁，不得含有油、酸、碱、盐及有机物等有害物质。砂浆除了在打底使用外也会用在砌砖、勾缝、修补上，因此也有不同的使用比例。

种类	容积比 水泥 : 砂 : 石灰	用途
水泥浆	1	勾缝、贴面砖
水泥砂浆	1 : 1	修补、勾缝用
	1 : 2	粉刷用、贴地砖（软底施工）
	1 : 3	砌砖、粉刷、打底
水泥石灰砂浆	1 : 3 : 1/4	砌砖
石灰砂浆	1 : 2 1 : 3	粉刷
特殊用途砂浆		1. 耐火水泥砂浆 2. 耐寒水泥砂浆 3. 耐水水泥砂浆 4. 白色水泥浆（勾缝用） 5. 有色水泥浆（勾缝用）

一般施工的室内粉刷第一层为 1 : 3 水泥砂浆底层，厚度 10~15mm，用灰志标定厚度后涂布水泥砂浆，并在砂浆初凝时将其扫毛后等待 48 小时再上面层，面层施工时最好用水先将其润

湿，有足够的吸水量，再用 1：2 水泥砂浆均匀涂布在上面，厚度为 5~10mm，最后再粉饰表面。

砂浆如用在需要防止水分渗入或阻挡水气的地方，可在砂浆中加入适量的防水剂，增加砂浆的防水性。另外，砂浆在加水拌好后需要在一定时间内用完，因为水泥加水后，会渐渐开始凝固，也会渐渐失去工作性，这就是所谓的初凝现象的开始。

1. 壁面打粗底前灰志标定壁面和柱面上

2. 水泥砂浆拌合

3. 壁面水泥砂浆粗底粉刷

4. 卫生间粗底打完贴瓷砖

防火板面材

在室内装修过程中除了夹板外，防火板是最常用的一种结构面饰板材，这种板材都具有一定的隔热性、隔音性、耐水性（除了石膏板之外）等，夹板的施工会因不同用途及工法而选用不同的板材，同样防火板也会因使用地点及未来表面贴附的材质不同，而调整使用的材料形式，例如有潮湿或有水的环境可用水泥板，室内天花及壁面可用硅酸钙板或石膏板替代。

这类板材通常会固定在以下三种材质上：

1. 在砖墙、钢筋混凝土墙做单面封板，直接用空气钉枪钢钉固定在墙体上。

2. 在金属骨架上，这样的做法就是所谓的轻隔间，轻隔间面材常用的有石膏板、水泥板、硅酸钙板等。

3. 木角材骨架，但在整体防火效果上无法与金属骨架相比，好处是便宜、壁体厚度薄，但如果是固定于天花板上时最好在骨架上面上白胶，具有较高的黏结性。

木天花骨架封硅酸钙板

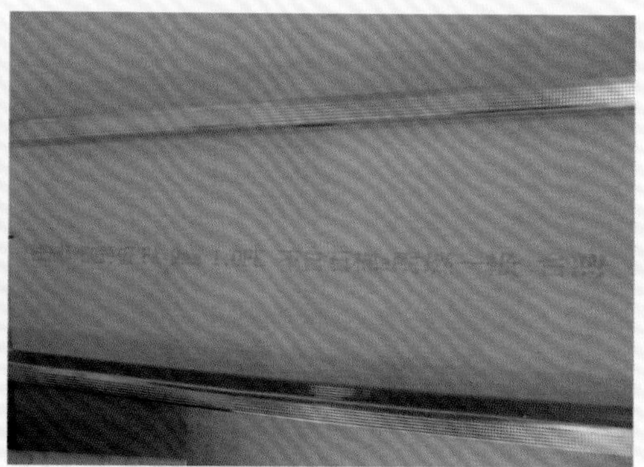
金属骨架上的硅酸钙板

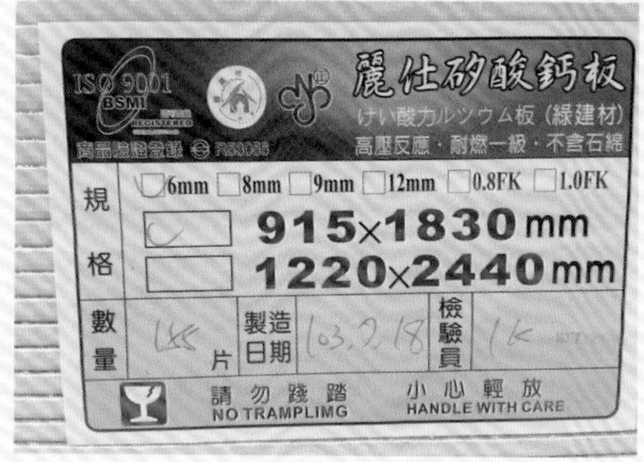

丽仕硅酸钙板标签

夹板

夹板在室内装修中是很常用的材料之一，夹板具有抵抗轻微潮湿环境及与表面材黏结性强的特性，以及到了一定厚度后有很好的结构支撑性等。当然夹板也具有不好的一面，如长期处于高度潮湿或泡水时就容易产生变化，表面也容易长霉菌，所以一般还是会用在不潮湿且没有水的地方以及在表面上漆作保护。另外，许多进口板材的甲醛含量会超标，以及质量会依生产地区的不同而不稳定，产生分离及透色现象，容易造成施工上的质量瑕疵。

施工现场地板夹板水损

夹板泡水后发霉

Chapter6

室内设计
材料与工法

6.4 室内装修面饰材与工法

我们以一般常用及常见的表面面饰材如美耐板、木皮、壁纸、海岛型木地板、塑胶地砖等做施工工法说明。

1 美耐板

美耐板系由阿尔法纤维素的表面和牛皮纸浸于环氧树脂中，经高压制成。具有耐火、耐磨、耐湿、防尘等特性，为一般家具、厨具、柜体、门片、壁板常用的材料。其种类有光面、仿木纹面、仿石材面、素面、仿皮面等。美耐板的规格一般为 1.3 m×2.6 m（4 尺 ×8 尺）、1 m×2.3 m（3 尺 ×7 尺），厚度有 1.1 mm、1.0 mm、0.8 mm 三种。

美耐板的切割：

美耐板为硬质易碎材料，一般在装潢施工时大都以圆锯机切割大面积，小部分面积用美工刀切割。圆锯机切割时要更换较密的锯片以免使边缘产生锯齿状以致于不平整。裁切时的四周尺寸要比粘贴的工作面大 5 mm，最后贴完再修剪多余部分。粘贴美耐板时须以手指轻轻触摸布胶面的强力胶，以不粘手为标准，方可进行胶贴。粘好后再用修边机修饰多于预留的美耐板。

壁面贴美耐板

锯齿较密的锯片

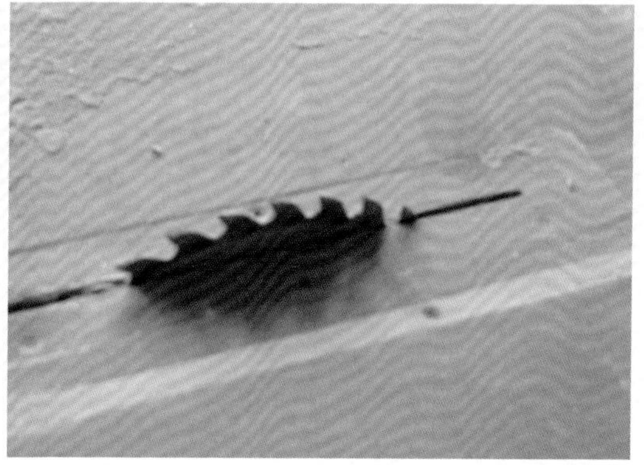
锯齿较疏的锯片

贴木皮在目前的室内装修过程中已渐渐减少，主要是应为贴木皮所花的时间太长，人工成本太高，技艺好的师傅也渐渐少了，再加上贴完木皮后还要施作面漆保护，现场喷漆的质量不易控制，施工时间也会拖长。但偶尔还是有些精装修的案例会采用此工法，因为用木皮板施工的边缘没有贴木皮精致。木薄皮的长度没有一定尺寸，视加工原木剖下的尺寸而定，一般常见的尺寸为0.3m宽，2.7m（8尺）或3.3m（10尺）长。

木皮的粘贴施工由有经验的老师傅做才会有好的质量，要注意的是贴之前将木薄片泡水或用干净布沾水擦拭木皮表面，并阴干约半小时，让木皮产生收缩。再均匀布胶于被粘贴物上并用熨斗加热至适当温度（约50℃）沿木纹方向烫平。最后用美工刀裁切多余边料。

木压条压住裁切木皮

壁纸在装潢过程中是常见的材料，优点是施工速度快、价格便宜、表面样式选择种类多等，缺点是不适用于太潮湿的环境，有壁癌的壁面容易卷曲发霉。另外，一旦壁面贴了壁纸要改回刷漆需要花费许多时间来拆除，造成费用增加，而且进口好看的壁纸有时比刷漆还贵。

壁纸常贴饰在天花板、隔间、壁面上，壁纸在墙面施工时，墙面及壁面底部需要做完良好的表面加工处理，如：墙面平整、修补、干燥、砂磨、打底漆等，方能进行壁纸表面贴饰。

壁纸在墙面施工上要注意底材的平整度，以及是否用了进口壁纸，进口壁纸有时遮盖力不够反而会看到底材颜色，必要时必须先在底材做喷底漆遮盖底色才能粘贴。还有壁纸粘贴前要均匀布胶并在壁面转角处补刷胶防止起翘，贴完时要用塑料刮刀刮平密压紧贴，并将多余残胶用湿布清洁干净。

1. 调合壁纸黏结胶

2. 布胶机及码表

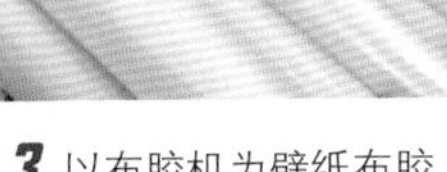

3. 以布胶机为壁纸布胶

4. 于壁面上粘贴壁纸

台湾早期大都以实木地板为主，有切成小块的榉木拼花地板和大块的实木地板，因为台湾四面环海，整体环境湿度较高，属海岛型气候，在季节交替之际容易反潮，亦造成许多实木地板产生变形、虫蛀和发霉的问题。之后发展出不变形、耐久但表面又看起来像实木地板的海岛型木地板。

海岛型木地板是主要结构是底层为夹板层，面层分 100 条、200 条、300 条的实木层，所谓的 100 条代表的意思是实木皮有 1 mm 厚度，价格随实木层厚度增加而增加，也因为夹板这种材料的特性较能抵抗变形而用在底材，有些进口的材料，会在中间层用较好的薄实木替代夹板，但价格高了许多。还有一种超耐磨木地板，只差在表面层是粘贴一层纸加上三氧化二铝的保护层，使表面较木质材料耐刮，价格也比海岛型地板与实木地板便宜。

300 条海岛型木地板夹板

超耐磨木地板

超耐磨木地板面层

海岛型木地板的施工法：

可分为平铺、直铺、架高铺设三种。而直铺法通常用于以密迪板（＊注 1）为主要材料的超耐磨木地板，这种板材较怕遇到高潮湿的环境，其变形的几率较大，不然就要使用抗潮系数高的密迪板材或塑料类底材的种类。

*注1：密迪板——MDF，是用纤维纸浆加尿素胶及水性树脂，高温拌合后经水平滚轮压制而成的。

种类	说明	适用	特色
平铺法	先上一层防潮布，再上一层夹板，最后钉上地板。四周与墙以矽利康收边，门边再以线板收边。	适用于地面需要整平高低差在 10 mm 以内。	稳定不易移位。
直铺法	在原有地面上（如抛光石、花岗石）直接施作。上胶或弹性泡棉，然后铺上地板，四周用矽利康收边。	地面的高差平整度须在 3 mm 以内，不平处要先补平。	省钱也省工，未来方便拆除，不会破坏瓷砖表面，也可以移到别处重复施工。
架高法	铺上一层 PVC 防潮布，之后下防腐角材，下夹板，再封上面板，四周以线板收边。架高范围 10~60 cm。	地面不平整、作为空间区隔，或者架高当床睡等。	因应现有环境限制，或客户特殊需求。

不管是哪一种铺法，铺设前都要清洁地面，地面不可起砂或潮湿，并要确认铺设完总厚度，避免大门或房间门无法开启。需要钉 4 分底板时必须要确认底板紧贴于地板面并不可有异声，建议钉了底板后放置一段时间让板材有收缩的时间并加以补钉或重钉，再钉面板材，以获得较佳的质量。另外必须预留足够的伸缩缝于壁面交接处，以防地板收缩膨胀时有充裕空间而部分会隆起，留设伸缩缝后须填补硅胶。

以木心板为支撑的架高地板

以木心板作为收纳柜的架高方式

架高地板

于底板上铺设海岛型木地板

架高地板面铺海岛型木地板

5 塑胶地砖

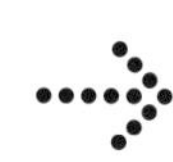

塑料地砖的应用非常普遍，主要是因为价格便宜、施工速度快、拟真度高、耐磨等优势。塑料地砖主要的分类是以厚度来区别，常见的有 2mm、3mm 两种，也可依材质及功能分为透心塑料地砖、耐磨塑料地砖、功能型地砖、环保地砖，另依形状分为方块型、细长条型、整卷等样式。

塑料地砖在施工过程中要注意地板的平整、清洁、干燥，可避免脱胶及凹陷不平产生裂纹，并且施工时要用专用的压力胶粘贴，方可紧贴地面，如四周或边缘与其他地面有高低差时，要用铝制或其他金属收边条收边。

塑胶地板专用胶

地板凹凸处补平

梯形粘贴

平接对口粘贴

Chapter6
室内设计
材料与工法

6.5 室内设计材料板制作

让业主直观地了解材质与颜色

在室内设计中，风格掌握的精准度在设计中占有举足轻重的位置，我们除了通过意象图、3D仿真图、模型等方式表达我们的想法，其实还有一个更重要的方式，就是材料板。材料板主要是提供未来在空间内会使用的各种建材，通常是以表面贴饰材为主，偶尔会有结构底材的呈现。通过材料板掌握整体空间风格、配色，是整合空间质感重要的一个步骤，但是这样的训练养成需要一段时间才会熟练，也是目前许多年轻设计师欠缺的技能，如这项技能日渐成熟，也会有助于提示设计的色彩与风格表现。

材料板可分为建筑用材料板以及室内设计用材料板两大类，建筑用的材料板主要是将建筑物建造过程中的结构底材、结构面饰材、设备材、机电材等做呈现，通常与整体风格无关，而是针对发包过程的规格确认，外包商或材料商依图说内规范与规格提送相同的材料或类似材料等级，供建筑师或监造管理单位选择。

而室内设计的材料板主要是在中间及后段流程中会提出，在中间流程要搭配整体风格时，会在收集提案的风格样式材料之后，再贴附于板材上，让业主大致了解整体风格上的材料使用。而后段的材料板是将之前的材料板做修正，也就是表现最后的设计成果，也是将画在图中的主要材料一一呈现出来，有助于日后的发包及估价。

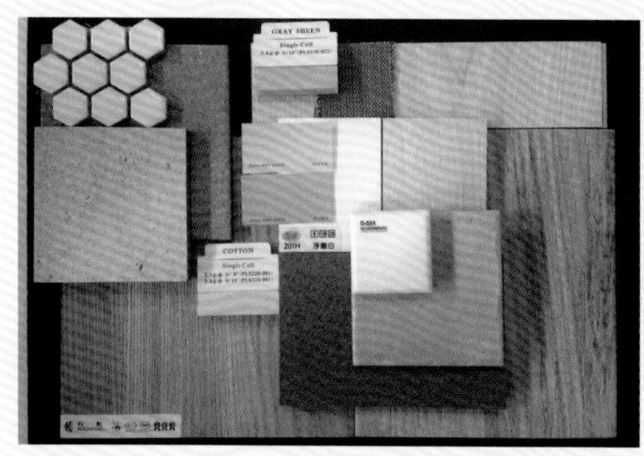

住宅空间材料板收集排列（有油漆色票、家饰布和瓷砖）

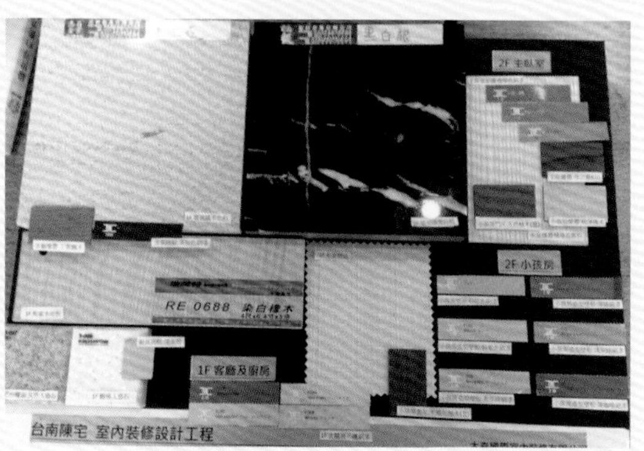

住宅空间材料板粘贴（有色票、美耐板和系统柜板）

材料板制作流程及重点：

材料板的底板要有足够的支撑力以防变形，一般以夹板及波丽板为主，有些小的案子材料不多，会以美国卡纸或风扣板为主，如果选用夹板要记得表面要上漆处理或包覆其他面材会好看一些。另外依你挑选的材料数量及尺寸做板材上的尺寸改变，尽量使材料板看起来紧密不松散。

陆续收集你选择的材料，材料的样本收集来源有几个方式：（1）从建材展上收集；（2）从你熟识的材料商那边收集；（3）来拜访的材料商；（4）亲自跑一趟材料行或建材商。

材料的样本不要大块，一般瓷砖或大理石之类的材料也都在 10cm×10cm 以下，这样摆放起来会比较集中，设计用色票及油漆用色票，也可以放在材料板中在色系上搭配使用。

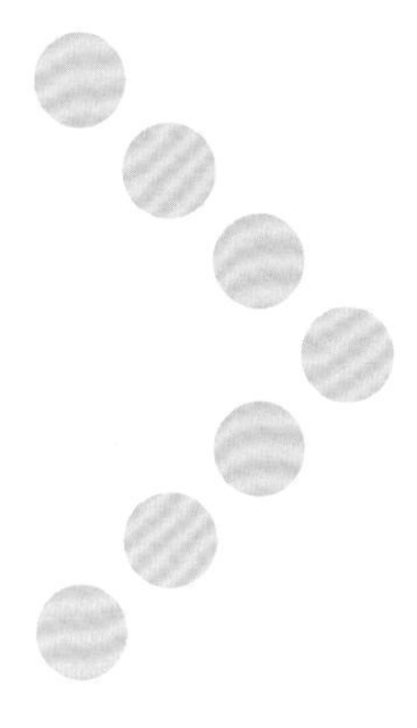

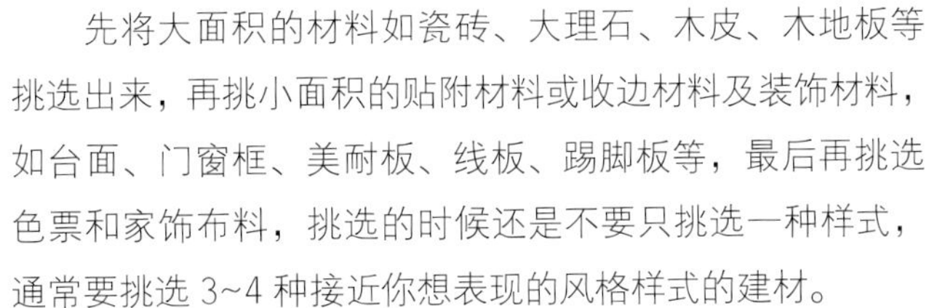

先将大面积的材料如瓷砖、大理石、木皮、木地板等挑选出来，再挑小面积的贴附材料或收边材料及装饰材料，如台面、门窗框、美耐板、线板、踢脚板等，最后再挑选色票和家饰布料，挑选的时候还是不要只挑选一种样式，通常要挑选 3~4 种接近你想表现的风格样式的建材。

搭配材料是制作过程中最繁琐、需要耐心的一个步骤，因为它决定了未来材料板整体的样貌及风格，不仅是材料上的选择而已，还有材质与颜色交互搭配所变化出来的质感，这部分还是有些主观的因素存在，当然这里面还是有些色彩的基础理论。搭配的时候以主要建材或大面积建材为主，其他材料再做搭配及对比，找出颜色与质感之间的协调性和对比性，不要轻易决定用哪种建材，而是要经过相互交叉对比后，再从中找出协调性较佳的组合。

最后将选择好的材料挑选出来后，从大面积的材料及较重的材料按天、地、壁、橱柜等位置做相对应的摆放，最好要彼此都能碰触、重叠，让人能看出不同部位使用材料上彼此间的关系，等组合摆放确认后就要开始粘贴，较重或易碎的材料要用泡棉粘贴，其他建材或较轻的建材可用双面胶粘贴，先从最底部与展板接触的材料开始粘贴，再往上粘贴其他重叠在其他建材上的材料。粘贴材料时要预留上下部分的空间，要制作案名及公司名称的标牌。如果担心过重掉落可再补强用热熔胶、快干胶协助固定。

标牌制作可分为几个部分，一是建材名称，二是案例名称，三是设计公司名称。将每片建材名称贴附在建材上，通常是贴在建材下方，能与其他建材区分即可。再来是将预留的上下空间贴上案例名称及设计公司名称。有的公司因为整体及板材边缘并不好看，会再对四边做封边处理。

公设空间材料板（大理石及瓷砖和木皮为主）

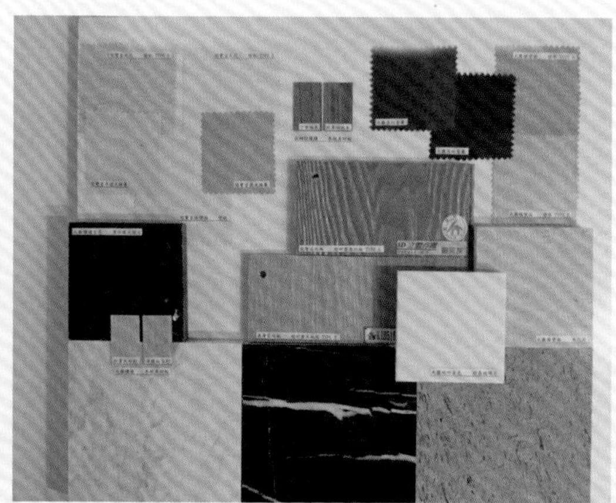

公设空间材料板粘贴（有家饰布及壁纸和大理石）

宫老师觉得 你也该知道的事！

不要轻忽材料板的功能及学习，透过材料板纯熟的掌握，你的设计风格的精准度也会比其他人更好，多看设计书籍内的风格及材料上的应用，找出风格及元素上与材料的对应关系，建立你对材料、风格的选择与判断逻辑，这将是你室内设计生涯中不可或缺的技巧，而往往胜负就由此决定。

Chapter7

室内设计
工程估价与成本关系

7.1 设计及工程估价概述

估价在室内设计与装修工程中有很重要的地位，主要是涉及金钱费用的问题，业主、设计师、厂商在不同的角度上都会有不同的思考方式。业主希望少一些成本多一些质量，设计师希望多些预算多些时间，厂商希望多一点利润质量少一点问题，也就是说钱、时间、质量正是整体估价的关键因素，所以掌握好影响估价的因素对三方都有利，掌握好时间进度就是控制成本增加利润，分配好工程费用就是高质量施工的开始。

在估价上我们会依估价的精细程度分为概算估价与明细估价。

在设计或工程未接到前，仅就设计内容、风格、材料使用、面积大小、设备等级做粗略的概算，通常是以设计或工程经验及过往案例中所产生的费用作为对比和推算的依据，比较常用的方式是以平方米为计价单位，也就是考虑上述内容所产生的单位造价费用有多少。但这都是在洽谈未完成或者刚开始时初步估算的费用，也会因不同的变量而改变价格。

而概算估价通常是以工程或设计上的大项目为开列内容，如设计费、木作工程等，不会有细项内容出现，而估价单位大都以“一式”为呈现方式。

顾名思义，精细估价就是将工程及设计费用内容做详细的呈现，而这也是在案子拿到以后以及设计图完成后所开列的明细报价，设计费的部分会将服务内容及所对应的单位面积费用开列清楚，让业主清楚地了解整个设计过程要做哪些事情，以及所花的费用。工程部分是依据设计好的图纸内容，逐条开列项目并填上单位费用而计算总价，而非用一式方式带过，基本上有图纸后都有量化的依据，有时厂商为避免你了解太多内容而不会量化，业主或设计师就很难比较其他厂商所给的费用。

概算估价单

张公馆 室内装修设计工程				估价日期：	2015.03.27	
				估价厂商：	**** 装修设计股份有限公司	
OO路二段张公馆 室内装修工程估价单(概估)				厂商电话：		
				厂商传真：		
				厂商EMAIL：		
项次	工程名称	单位	数量	单价	总价	备注栏
壹	假设工程	式	1.0	XX,000	XX,000	
贰	拆除工程	式	1.0	XX,000	XX,000	
叁	泥作工程	式	1.0	XXX,000	XXX,000	
肆	木作工程	式	1.0	XXX,000	XXX,000	
伍	油漆工程	式	1.0	XX,000	XX,000	
陆	玻璃工程	式	1.0	XX,000	XX,000	
柒	灯具工程	式	1.0	XX,000	XX,000	
捌	机水电工程	式	1.0	XXX,000	XXX,000	
玖	弱电工程	式	1.0	XX,000	XX,000	
拾	空调工程	式	1.0	XX,000	XX,000	
拾壹	系统柜工程	式	1.0	XXX,000	XXX,000	
拾贰	其他工程	式	1.0	XXX,000	XXX,000	
	壹~拾贰总计				X,XXX,000	(未税)
	注：1.本报价不含大理石及瓷砖采购等。					
	2.本估价单为概算估价，依实际最后报价为签约价格。					

精细估价

张公馆 室内装修设计工程

OO路二段张公馆 室内装修工程估价单(概估)

估价日期：2015.03.27
估价厂商：**** 装修设计股份有限公司
厂商电话：
厂商传真：
厂商EMAIL：

项次	品名及规格	单位	数量	单价	总价	备注栏
壹	**假设及拆除工程**					
1	施工放样	式	1.0	X,000	X,000	
2	全室/砖墙及门组/铁窗/部分地面/橱柜/管路设备拆除	式	1.0	XX,000	XX,000	
	假设工程小计				XX,000	
贰	**泥作工程**					
一	**砌砖及粉刷工程**					
1	客用及主卧浴厕新砌1/2B红砖	m²	27.0	X,000	XX,000	
2	上项水泥粉光+初胚打底	m²	27.0	XXX	XX,000	
4	厨房往后阳台新砌砖墙/厨房冰箱侧墙砌砖/防火门堀洞	式	1.0	XX,000	XX,000	
5	上项水泥粉光+初胚打底	式	1.0	XX,000	XX,000	
6	书房及主卧新砌隔间	m²	11.0	X,000	XX,000	
7	上项水泥粉光+打底	m²	22.0	XXX	XX,000	
二	**贴砖工程**					
1	后阳台新砌洗槽贴砖	座	1.0	X,000	X,000	
2	2间浴室壁面贴砖工料	m²	38.0	XXX	XX,000	
3	2间浴室地面贴砖工料	m²	6.0	XXX	X,000	
4	厨房地面贴木纹砖	m²	6.0	XXX	X,000	
5	厨房壁面贴10*10窑变砖	m²	15.0	XXX	XX,000	
5	后阳台地面贴防滑地砖	m²	2.0	XXX	X,000	
6	浴室壁面瓷砖采购30*60	m²	33.0	X,000	XX,000	
7	浴室地面地砖瓷砖采购30*30	m²	6.0	X,000	X,000	
8	厨房木纹地砖瓷砖采购17*50	m²	6.0	X,000	X,000	
9	厨房壁面贴砖采购10*10	m²	15.0	X,000	XX,000	
10	后阳台地面贴防滑地砖采购15*15	m²	2.0	XXX	X,000	
11	洗槽白色瓷砖采购10*10	式	1.0	X,000	X,000	
	泥作工程小计				XXX,000	

张公馆 室内装修设计工程

OO路二段张公馆 室内装修工程估价单(概估)

估价日期：2015.03.27
估价厂商：**** 装修设计股份有限公司
厂商电话：
厂商传真：
厂商EMAIL：

项次	品名及规格	单位	数量	单价	总价	备注栏
叁	木作工程					
一	**室内壁板及隔间工程**					
1	配合审查轻隔间	m	1.7	XXX	X,000	
2	卧铺与主卧厕所走道木作隔间(面贴防火硅酸钙板)	m	1.0	X,000	X,000	
3	主卧床头板包板及拉窗2扇	m	3.7	X,000	XX,000	
4	电视主墙包壁板	m	3.2	X,000	XX,000	
二	**天花板工程**					
1	全室硅酸钙板坪顶天花(含包梁)	m²	61.0	X,000	XX,000	台俪板
2	玄关及客厅天花间接灯盒	m	10.6	XXX	XX,000	台俪板
3	天花灯具挖孔	孔	27.0	XXX	X,000	台俪板
4	主卧及卧铺/书房窗帘盒	m	10.0	XXX	XX,000	台俪板
三	**门窗樘工程**					
1	客浴暗拉门(木皮)	樘	1.0	XX,000	XX,000	含五金暗把手
2	主浴厕所暗拉门(木皮)	樘	1.0	XX,000	XX,000	含五金暗把手
3	书房及卧室门组(木皮)	樘	2.0	XX,000	XX,000	含水平把手
四	**木地板工程**					
1	全室岛型超耐磨木地板	m²	52.8	X,000	XXX,000	含4分底板
	木作工程小计				XXX,000	
肆	**油漆工程**					
1	全室天花批补土后刷乳胶漆(含天花立面/窗帘盒)	式	1.0	XX,000	XX,000	
2	全室壁面批补土后刷乳胶漆	式	1.0	XX,000	XX,000	
3	木作门片面贴木皮刷护木油	式	1.0	X,000	X,000	含木皮门片
	油漆工程小计				XX,000	
伍	**铝窗 玻璃及压克力工程**					
1	书房书柜5mm强化清玻璃	才	36.0	XXX	X,000	含五金
	玻璃工程小计				X,000	

张公馆 室内装修设计工程

OO路二段张公馆 室内装修工程估价单(概估)

估价日期：2015.03.27
估价厂商：**** 装修设计股份有限公司
厂商电话：
厂商传真：
厂商EMAIL：

项次	品名及规格	单位	数量	单价	总价	备注栏
陆	**灯具工程**					
1	LED大嵌灯灯具3000K	盏	17.0	X,000	XX,000	
2	led小嵌灯	盏	6.0	X,000	X,000	
3	T53000K日光灯	盏	6.0	XXX	X,000	
4	防潮嵌灯	盏	7.0	X,000	XX,000	
5	后阳台吸顶灯	盏	1.0	XXX	XXX	
	灯具工程小计				XX,000	
柒	**机水电及浴厕设备工程**					
1	全室110V插座及灯具回路	回	5.0	X,000	XX,000	预估
2	厨房专用110V插座回路	回	3.0	X,000	X,000	预估
3	220V 专用回路	回	2.0	X,000	X,000	预估
4	220V冷气专用回路	回	2.0	X,000	X,000	预估
5	全室插座及开关面板安装集结线	处	30.0	XXX	XX,000	预估
6	全室灯具安装及结线	处	37.0	XXX	XX,000	预估
7	新配电箱(含总线及开关)	式	1.0	XX,000	XX,000	
8	负载调整检测	式	1.0	X,000	X,000	
9	马桶+脸盆+龙头+莲蓬头+地排水盖	组	2.0	XX,000	XX,000	预估
10	淋浴拉门	组	1.0	XX,000	XX,000	预估
11	全室新配给水	口	12.0	XXX	X,000	140*70预估
12	全室新配排水	口	6.0	XXX	X,000	
13	新配粪管	口	2.0	XXX	X,000	
14	新配热水器	式	1.0	-	-	16公升
	机水电工程小计				XXX,000	
捌	**弱电工程**					
1	电视及音响出线	处	2.0	X,000	X,000	
2	电话及网络线	处	2.0	X,000	X,000	
	小计				X,000	

张公馆 室内装修设计工程

OO路二段张公馆 室内装修工程估价单(概估)

估价日期：2015.03.27
估价厂商：**** 装修设计股份有限公司
厂商电话：
厂商传真：
厂商EMAIL：

项次	品名及规格	单位	数量	单价	总价	备注栏
玖	**空调工程**					
1	空调1对1(三线品牌)	台	1.0	XX,000	XX,000	含吊架1组及安装工料
1	空调1对2(三线品牌)	台	1.0	XX,000	XX,000	含吊架1组及安装工料
	小计				XX,000	
拾	**系统柜工程**					
一	**室内橱柜**					
1	玄关鞋柜(高柜)	m	0.5	X,000	X,000	
2	玄关半高柜	m	1.0	X,000	XX,000	含抽屉门片及人造石
3	书房衣柜(拉门)	m	3.2	X,000	XX,000	
4	书房书柜	m	2.2	X,000	XX,000	
5	主卧衣柜(拉门)	m	2.2	X,000	XX,000	
6	主卧床头高柜	m	0.5	X,000	X,000	
7	主卧化妆台上下柜	m	1.2	X,000	X,000	
8	电视墙旁电器柜	m	1.2	X,000	XX,000	
9	卧铺柜(三等份)(含坐垫)	m	2.5	X,000	XX,000	一抽一掀(含油压五金)
二	**卫浴及厨具柜及设备**					
1	厨房新作上柜(一型)	m	2.8	X,000	XX,000	暗把手五金
2	厨房新作下柜(L型)	m	4.3	X,000	XX,000	暗把手五金
3	下柜台面人造石(hanex)	cm	330.0	XXX	XX,000	含上档版
5	电器柜	cm	66.0	X,000	XX,000	2开门2抽盘
6	单水槽及龙头	式	1.0	XX,000	XX,000	
7	三口煤气炉(樱花)	台	1.0	XX,000	XX,000	
8	抽油烟机(樱花牌)	台	1.0	X,000	X,000	
9	2间卫浴镜柜	座	2.0	X,000	X,000	
-	小计				XXX,000	

张公馆 室内装修设计工程				估价日期：	2015.03.27	
				估价厂商：	**** 装修设计股份有限公司	
OO路二段张公馆 室内装修工程估价单(概估)				厂商电话：		
				厂商传真：		
				厂商EMAIL：		
项次	**品名及规格**	**单位**	**数量**	**单价**	**总价**	**备注栏**
拾壹	**铝窗及其他工程**					
1	气密窗(白色)140*60/140*120/140*100	樘	4.0	X,000	XX,000	外包式
2	三合一铝门	樘	1.0	XX,000	XX,000	
3	硫化铜门(f60a)	樘	1.0	XX,000	XX,000	110cm预估
4	人工草皮	式	1.0	X,000	X,000	
5	铝花架230cm*30cm*30cm	式	1.0	XX,000	XX,000	
6	后阳台格栅晒衣架	樘	1.0	XX,000	XX,000	含雨遮
7	粗清及细部清洁	式	1.0	XX,000	XX,000	含垃圾车清运
-	小计				XXX,000	
	壹-拾壹项合计				**X,XXX,000**	(未税)
	本案以含主卧及客厅卧房上窗帘后之总价共XXX万X千元承揽，并加上设计费尾款X万X千元整，共为XX万元整承揽此案.					
	注：本报价不含家具采购等。					
	部分预估项目以最后实际施作数量办理增减。					

宫老师觉得 你也该知道的事！

要学习估价最好平常就要多多少少开始练习，参考别人估价的逻辑及开列项目方式，有很多估价技巧不是一天就能学完，也要请教估价经验多的前辈，这过程会缩短一些，当然不要忘了要增进自己在设计及工程上和材料的专业知识，以及工地现场经验的培养，这都会让你在估价上更进一步。

Chapter7

室内设计
工程估价与成本关系

7.2 估价单撰写原则与方式

估价单为设计完成后依图纸内容及尺寸、现场状况、工地经验、工料时价等，所汇整出来的一种工程造价的窗体，也就是说你必须要有清楚的图纸来呈现未来施工项目的样貌形体、大小尺寸、材料使用，并以工地以往的施工经验为辅助，预估及计算一个装修案从头到尾完成时所需的总工程费用。而一份好的估价单应具备哪些原则？不妨参考一下下表。

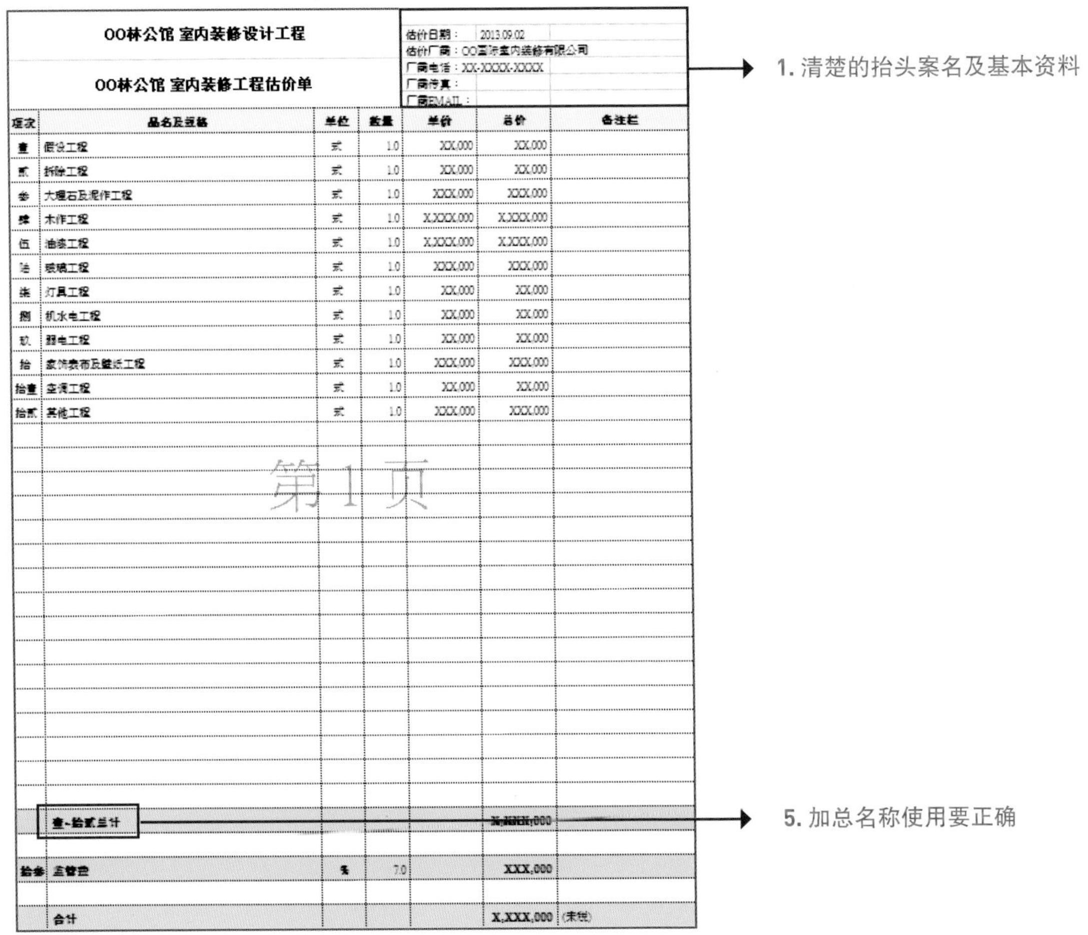

OO林公馆 室内装修设计工程

OO林公馆 室内装修工程估价单

估价日期：2013.09.02
估价厂商：OO国际室内装修有限公司
厂商电话：XX-XXXX-XXXX
厂商传真：
厂商EMAIL：

项次	品名及规格	单位	数量	单价	总价	备注栏
壹	假设工程	式	1.0	XX,000	XX,000	
贰	拆除工程	式	1.0	XX,000	XX,000	
叁	大理石及泥作工程	式	1.0	XXX,000	XXX,000	
肆	木作工程	式	1.0	X,XXX,000	X,XXX,000	
伍	油漆工程	式	1.0	X,XXX,000	X,XXX,000	
陆	玻璃工程	式	1.0	XXX,000	XXX,000	
柒	灯具工程	式	1.0	XX,000	XX,000	
捌	机水电工程	式	1.0	XX,000	XX,000	
玖	弱电工程	式	1.0	XX,000	XX,000	
拾	家饰表布及壁纸工程	式	1.0	XXX,000	XXX,000	
拾壹	空调工程	式	1.0	XX,000	XX,000	
拾贰	其他工程	式	1.0	XXX,000	XXX,000	
	壹~拾贰总计				X,XXX,000	
拾叁	监管费	%	7.0		XXX,000	
	合计				X,XXX,000	(未税)

第1页

1. 清楚的抬头案名及基本资料

5. 加总名称使用要正确

报价单总表

3. 清楚明确的单位　　4. 格式中的备注栏位加注说明

7. 开列项目的数字使用要正确

2. 要分成总表及内文细项明细

6. 工程项目开项要方便阅读

OO林公馆 室内装修设计工程

OO林公馆 室内装修工程估价单

估价日期：2013.09.02
估价厂商：OO国际室内装修有限公司
厂商电话：XXXX-XXXX
厂商传真：
厂商EMAIL：

项次	品名及规格	单位	数量	单价	总价	备注栏
壹	假设工程					
1	临时水电及照明	式	1.0	X,000	X,000	
2	施工放样	式	1.0	X,000	X,000	
3	公共区域保护板-大理石铺设完和卧室地面保护	式	1.0	XX,000	XX,000	夹板+pc保护板(预估)
	假设工程小计				XX,000	
贰	拆除工程					
1	原抛光砖地面打除见底及装袋搬运工资	m²	62.7	X,000	XX,000	
2	上项垃圾车清运	车	2.0	X,000	X,000	
3	部分系统柜拆除	式	1.0	X,000	X,000	
4	部分天花板配合木作施工拆除并孔挖洞	式	1.0	X,000	X,000	
	拆除工程小计				XX,000	
叁	大理石及泥作工程					
1	公共区新铺大理石地面	才	605.0	XXX	XXX,000	凡尔赛(波斯粉红)大理石
2	玄关地面大理石拼花	式	1.0	XX,000	XX,000	
3	玄关隔屏嵌白色大理石	才	49.0	XXX	XX,000	卡拉拉白
3	玄关隔屏嵌黑色大理石	才	5.0	XXX	XX,000	黑白根
4	玄关鞋柜贴大理石	才	80.0	XXX	XX,000	卡拉拉白
5	客厅电视柜墙面贴白色大理石	才	124.0	XXX	XX,000	卡拉拉白
6	客厅电视柜下方贴黑色大理石	才	29.0	XXX	XX,000	含加工切割
7	餐厅镜框贴白色大理石	m	9.0	X,000	XX,000	卡拉拉白
8	书房书柜台面面贴大理石	才	9.0	XXX	X,000	卡拉拉白
9	大理石加工及防护	式	1.0	XX,000	XX,000	圆边防护 倒角斜边
10	大理石地面无缝处理	才	690.0	XX	XX,000	含拼花
11	大理石地面晶化处理	才	690.0	XX	XX,000	含拼花
	泥作工程小计				XXX,000	
肆	木作工程					
一	室内墙面造型壁板工程					
1	玄关墙面封夹板	m	5.3	XXX	XX,000	
2	上项贴木皮板	m	4.0	X,000	XX,000	
3	玄关隔屏木作平台打底板	m	1.7	XXX	X,000	
4	客厅沙发被墙封夹板	m	6.0	XXX	XX,000	
5	上项贴木皮板	m	7.0	X,000	XX,000	

装修报价单细项

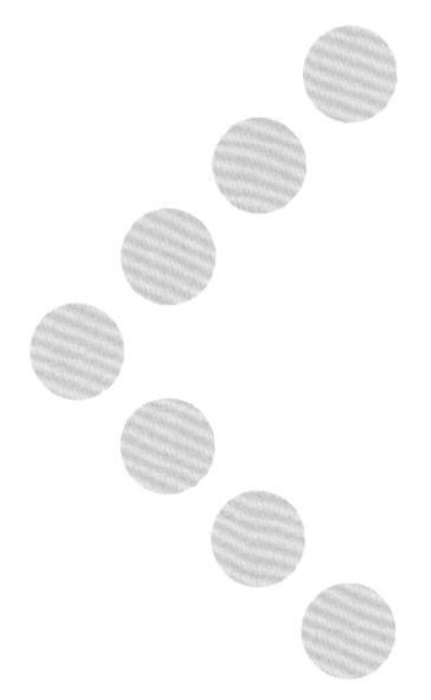

表现案名并清楚知道由哪家公司估价，以及估价的时间等信息。

总表是将各种工程大项目的费用统整在一张估价单上，可以很清楚地知道各工种费用的金额以及总工程费有多少。内文细项明细是将各工程大项下面施作的项目逐一详列，并估算每个细项所需的费用。

每项细项工程名称中都有一个相对应的单位，木作、泥作常用的面积单位有平方米、平方厘米、坪、才（*注1），长度单位有米、厘米、尺、码（*注2），体积单位有立方米、材积（板材积及角材积），其他数量单位有个、片、口、孔、车、处、回、式。

*注1：1才=30 cm×30 cm=900 cm^2，即0.09 m^2。
*注2：1码=0.9144 m

备注栏位最好有加注相关信息，例如厂牌、型号、规格、等级等，因为一个工程项目的说明会因使用的材料规格等级的不同而产生的价格差，所以要统一标明与图面相纸的材料等级，厂商间才有统一的估价依据。尽量避免使用一式的估价单位，因为一式乍听之下是包含做好，但也发生过厂商不承认的时候还要另外追加，所以为避免纠纷在估价时要尽量使用单位名称。

很多人常分不清加总的名称用在何处，也常误用，我们习惯在工程大项中的细项列完后，在后面加上这个工程大项的“小计”，所以每个工程细项列完后都会有个工程的小计数字，在总表部分是将各工程小计的加总后有一个“合计”，最后加上税金、保险、利润等其他应列项目后才会有一个“总计”。

一份好的估价单重要的除了内文价格和单位外，其开列项目的逻辑必须要能让阅读的人能清楚地知道你开项的方式。我比较过各种开项方式，建议以工程顺序的方式最早开始的在前面以此往后开项，例如假设工程是最早开始的，所以在估价单第一大项，接下来泥作工程则放第二大项，木作工程第三大项……依此方式往下开项。

另外每个工程项目中如有其他中项可分类的部分就要分项开项，如木作工程是大项，中项就有天花板工程、壁面隔间工程、地板工程、橱柜工程、门樘工程等。接着中项后面开列的是细项，细项就可依动线或主副空间方式开列细项，如中项是天花板工程，细项首先是玄关天花板，其次是客厅天花板，接着是餐厅天花板……依此开列细项。

这样的开列逻辑除了方便阅读外，开列估价单的人也比较不会漏项，我们担心的漏项是一个很大的问题。

一般我们会用汉字大写“壹”来表示工程大项，中项用汉字小写“一”表示，细项用阿拉伯数字“1”表示，如果没中项直接跳用阿拉伯数字表示，如果有更小的小细项用“1.a”表示。

Chapter7

室内设计
工程估价与成本关系

7.3 估价单与预算成本制作

直接成本 V.S. 间接成本

当我们在想成本时，我们先要厘清一些观念以及分类，首先成本分直接成本和间接成本两种，把这两种加总之后才会有真实的成本出现。工程上直接的工程成本是将物料及人工用于实际工程的建造中所汇总出来的费用，而这里人工指的是直接施工工程的人员薪资，而间接成本则是用于支持工程完成所需的费用如运费、车费、监造人员、会计人员等人员薪资，大部分都以公司内部支持完成该工程实体所需的费用计算，所以也就是为什么有些事务所或设计公司，会强调公司同仁的产值及效率，以至于要填工作日报表之类的，目的其实是要控制间接的成本支出，因为直接成本相对比较容易控制，而用于支持的间接成本就可大可小，也会影响公司利润。

预算≠成本

预算与成本是两件事，预算指的是未来工程发包执行时能被发包出去的价格，但实际的价格又因各地的工、料上的价格差异而会有些许的不同。

预算的编列最好是由较资深或有估价及工地经验的人来做，因为对估价所需的信息能有较为正确的判断，对于估价我们会在时间上做些区别。

在接案时业主通常会问要花多少钱完成此案，当然此时可能你还没签设计约或者是正在跟业主谈设计上的事，这时给的估价预算，通常是用以往的经验推估，借由面积的大小、工程范围、设计风格及复杂度、所用的材料等级等作为推估依据，所以会有一平方米多少钱的数字产生，但因还没完成最后设计图，这只是个概略初步估算。

一般有经验的设计师会做一些分类，如是否动到泥作、是否贴大理石、是否做天花或木作柜还是系统柜等，将单位面积上价格做一些分类，不过注意这只是初步估算，最好在回答时要有个区间如“一平方米 2400 到 3100，会因风格、材料、施工范围及内容有所增减。”这样才有一个退路，切勿在此时把话说死，到时业主会有先入为主或拿你的价格去跟别人比较的问题出现。

这部分是整个设计案已签下来，也已经将施工图、材料、设备画完及决定后的估价，此时的估价比较精准，我们可就以往公司的发包单价做估算，也可让厂商拿图去估算，这样出来的价格就接近预算价格，也就是说这个案子我预计用多少钱将它发包出去执行的意思。

这种估价是在工程进行中或开始时。请相关施工厂商到现场勘察或看现场施作的部分，通过实地的了解更详尽的说明后所做的估价，有的会将前面估价的内容做一些调整，有的会重估一次，重点是这种估价方式是最贴近发包成本的预算价格。此预算价格隐藏了施工厂商的利润，如果要真正知道施工厂商的供料成本，就要进行所谓的单价分析步骤，不过这部分不会在此时操作，一般是在平常时间就做分析。

当然已开工就无所谓的预算价格，预算就是在施工前的编列，也就是说可依照图说的内容进行估算，这就是所谓的预算成本。

工程预算总表　　日期:2015.05.21

工程名称：000路张公馆室内装修设计案　　室内面积：138.6㎡

项次 Item	工 程 名 称 Nomenclature	单位 Unit	数 量 Q'ty	单 价 Unit Price	总 价(F) Amount	备 注 Remark	单位 Unit	预算数量 Q'ty	预算单价(K) Unit Price	预算总价 Amount	毛利率% (预算备注)
壹	假设工程	式	1.0	XXX,000	XXX,000		式	1.0	XXX,000	XXX,000	XX%
贰	金属工程	式	1.0	XXX,000	XXX,000		式	1.0	XXX,000	XXX,000	XX%
叁	石材工程	式	1.0	X,XXX,000	X,XXX,000		式	1.0	X,XXX,000	X,XXX,000	XX%
肆	水电工程	式	1.0	XXX,000	XXX,000		式	1.0	XXX,000	XXX,000	XX%
伍	木作工程	式	1.0	XXX,000	XXX,000		式	1.0	XXX,000	XXX,000	XX%
陆	木地板工程	式	1.0	XXX,000	XXX,000		式	1.0	XXX,000	XXX,000	XX%
柒	油漆工程	式	1.0	XXX,000	XXX,000		式	1.0	XX,000	XX,000	XX%
捌	装修面材工程	式	1.0	XXX,000	XXX,000		式	1.0	XXX,000	XXX,000	XX%
玖	空调配管移位工程	式	1.0	XX,000	XX,000		式	1.0	XX,000	XX,000	XX%
拾	活动家具与装饰灯具工程	式	1.0	XXX,000	XXX,000		式	1.0	XXX,000	XXX,000	XX%
	合计				X,XXX,000						
拾壹	工程监造费				XXX,000						
	营业税 X%										
	总计				X,XXX,000					X,XXX,000	XX%
	报价备注：本案经与主管讨论后决行本预算						预算备注：本案预算依公司配合厂商及案例单价所做				

工程预算总表

Chapter8

室内装饰与家具

8.1 常见室内设计及家饰风格概述

最终阶段——画龙点睛的家具与家饰

空间在经过设计师的设计后渐渐有了一个雏形，直到完成后整个空间硬件的设计所呈现的风格与当初设计的样式有六到七成的样貌，剩下的就必须靠家具和家饰来做更深化的搭配及整合，一般我们会称作软装修或轻装修，也就是大家常说的装潢，这里面包含壁纸、地毯、油漆、窗帘、活动家具、木地板、活动系统柜等。而硬装修就会涉及隔间、木作橱柜、天花、贴砖等。

软装修的目的就是展现整体风格、提供舒适的视觉享受、增加使用的方便、提供省钱的居家装潢方式。轻装修我们再归纳一下可分成几个重要项目：家具搭配、家饰布置、系统柜使用、植栽选择等，本节以家具及家饰部分与设计上有较直接的关系来详细说明。

室内设计的风格种类

室内设计的风格在整个设计史的发展中有不少的样式出现，东西方的设计也因人文、艺术、哲学的发展脉络的不同也深深影响设计风格样式。我们暂且可将风格分成东方与西方风格这两大类来看，东方风格深受儒家哲学的影响，强调的是一种心灵与环境的投射，借由空间中的留白、迂回、框景、倒影等含蓄及内敛的手法，让观看的人有较深层次的心灵体验以及产生一种意境的美学；西方强调理性思考哲学，从几何形体、比例分割、构法材料等直接与外放的手法，让观看的人有一种从客体思考的美学体验。这也可以从文学艺术中看到，西方的人体艺术观赏美学与东方文学的畅咏就是最好的分别。

我们可以把设计史的发展看成是一条时间的横轴线，每一种风格的出现，也代表着一段时间的区间，这些风格不断地接力下去到了近代的风格，也构筑了一条风格的时间轴，从过去到现代。而“风格”一词我们可这样来定义：透过时间轴上的一段区间，看到当时社会、文化及人民所表现的绘画艺术、建筑形式、社会活动等所共同遵守的法则，我们可称为“风格”。

要用文字说出风格样式的全貌是一件不太容易的事，这也会落入一种片段式的解释，而我期望能保留对设计史应有的尊重，所以以下在说明一些我们常听到的风格样式时，会以简单的时代背景开头再带到设计风格及所用的元素，过于精彩的设计发展史的来龙去脉在这里就不一一赘述了。当我们在选择所要的风格同时也能了解一些设计史的重要背景！

1. 巴洛克与洛可可（Baroque & Rococo）

巴洛克风格从 1590 年到 1725 年，洛可可风格从 1700 年开始，这两种风格样式都过于华丽与高贵。巴洛克会用到一些染色的玻璃、卷曲对称的柱型、大面落地镜和地面上使用有色的大理石，天花板上多花草线板装饰并安装水晶吊灯。在颜色上会用到暗红色、绿色和黄金色，家具上的支撑脚则有更多的弯曲雕刻的造型样式以及烫金的家具。在建筑造型上则有一种“拱门”形式的立面在门窗上的应用，也就是法国凯旋门的样式。最有名的路易十四的凡尔赛宫就是巴洛克与洛可可风格中经典的建筑。

洛可可也是以对称华丽著称，装饰上有许多自然树型及花草和贝壳样式的线板及图样，并会重复图腾成蜿蜒的感觉，颜色上开始会使用到粉彩、金色、象牙色、天空蓝等，家具上有许多锦锻、天鹅绒、金漆、皮革的混合使用。

2. 工业风（Industrial Revolution）

英国的工业革命从 18 世纪初开始的 130 年间整个欧洲居住人口产生巨大的膨胀，而城市空间也因应人口的改变产生新的需求，各国也开始通过区域规划来整理工业与住宅和商业区位的空间配置，而工业化所带来的新的建筑材料及工法，也刚好可以协助城市基础工程以及建筑的发展。手工艺的材料与技术渐渐退去，而工业化所带来新的制程及材料如钢铁、混凝土、铝材、玻璃、铆钉等，都是在当时建筑及室内空间中常见的材料，也大量用在室内装饰的灯具与家具上，以及表现工厂样貌的管线外露形式，这些都反映了工业风格很重要的材料元素与方式。

3. 新古典（Neoclassical）

新古典是一种回到希腊与罗马的古典样式，而这样的新古典运动其实就是一种反洛可可与巴洛克的风格。新古典主义由起源于 1780 年到 1880 年的法国，正确来说新古典样式就是一种法式古典，其中有几个特色，一是丰富的色彩，常用的色调有金色、黑色、暗红色、白色、米黄色等，二是保有古典的罗马柱式、壁炉和水晶宫灯，三是强调空间的对称、比例、空间的主从关系等，四是室内装饰线板大都以花草、贝壳为主要表现图案。

新古典样式比较著名的建筑就是巴黎的万神庙，其前身是一座残破的教堂，法国国王路易十五病愈后还愿重建，立面就是仿罗马的万神庙，其建筑外观与内部陈设与细部都是新古典中的经典代表。有许多设计师对新古典的定义都不是很清楚，常把它和 Transitional 风格搞混。

4. 新艺术风格（Art Nouveau）

始于 1895 年法国，以崇尚中世纪的自然风格图案和哥特式建筑形式为主的样式，许多建筑及室内常用的五金及家具型式都以花草的线条及曲线作为设计上的元素，特别强调手工家具和手染织品及壁纸花纹的应用，也出现用铁材加工的如卷须纹理的壁画装饰。新艺术风格的出现主要强调简化古典线条的美学，以较自由奔放的曲线应用于室内空间环境中。

5. 混搭风（Eclectic）

从 1900 年左右开始，由于中产阶级的兴起，对于整个居家的设计开始有大量的需求，开始有了这样的风格表现，这种风格的搭配需要设计师在设计史风格上有深入地了解才能搭配出具有特色的样式。这种风格是不拘一格的设计，在材料、家具、家饰上都有可以作为搭配的元素，有可能是西方与东方风格上的搭配，也有可能是乡村与工业风的搭配，在色彩上也是一种多元的搭配，并没有着重在哪个色系上。要进行混搭前最好还是先把你要混搭的风格元素找好，看是要以家具还是家饰为主的混搭，不至于主从分界不清而影响混搭的整体性。

6. 地中海风（Mediterranean）

一种南欧海岸风情的风格，始于 1920 年，大部分的设计师或业主都认为应该是蓝白相间的颜色，其实这种希腊风格也是属于整个地中海式风格的一种，以西方国家的认知来看，地中海风格的材质元素有陶砖、石头、有图案的瓷砖或是花砖，颜色上不一定是所谓的天空蓝，而是一种近似于海水蓝（Aqua）的颜色，尤其是在室内颜色上的使用。门窗样式上承袭罗马的拱形元素，在室内有大量的拱窗及拱门的使用并漆上海水蓝的颜色，在天花板上常有假的木梁设计，在装饰上和灯具材质上会有些锻铁的材质的使用。

7. 乡村风（Country）

乡村风格始于1920到1970年，会因地域的不同有所变化，如欧式乡村风格与美式乡村风格就有不同的地方。欧式乡村风格是一种农村住宅样式的风格，家具的使用是比较有年代且有些斑驳风化及使用很久的痕迹，壁面上的处理用了许多乡村常见的灰泥涂饰，地板常见陶砖或石板，灯具吊饰也会用些铸铁及烛台吊灯，在天花板上会有不少的原木木梁当装饰。而美式的乡村（Rustic）始于1870年，是一种郊区田园住宅的风格，在建筑形式上多用原木建造，所以在空间中常见原木柱子及原木梁，天花板与地板的材料也会用实木板当面饰材。整个空间的格局会采取较开阔、少隔间、较流动的形式，会用家具区分不同的空间使用形态，在家具上会选用手工制的原木家具并且搭配一些手工铸铁把手或装饰物。

8. 装饰艺术（Art Deco）

始于1925年法国巴黎世界博览会到1960年左右这段时期，主要应用于建筑形式及珠宝、雕刻、绘画、家具、衣服、器皿样式上，此风格受到现代主义的简洁造型和新材料的影响很大，强调色彩的丰富度、弯曲简约的线条、不同材质的结合使用等。在室内中常见的建材有不锈钢、镜子、玻璃、漆器、大理石、皮件及木头镶嵌稀有材料等，主题样式常见树叶、树枝、羽毛形状。颜色强调明亮与对比，常见红色、蓝色、绿色、深黄色、银色、黑色等。织品上常见格子花及花卉图样，地板上材料有黑白大理石或抛光拼接木地板样式等。

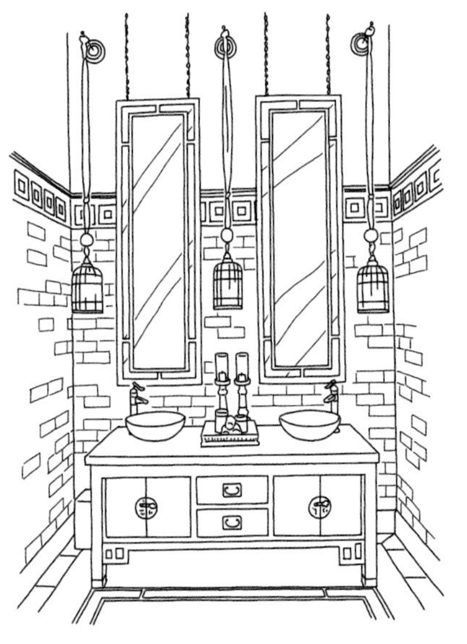

在建筑上位于纽约的克莱斯勒大楼顶部的外观，就是很经典的装饰艺术风格建筑。这种风格主要的元素有三角几何形状或半圆及四分圆的动态几何形式，并以锯齿状及闪电状或放射状呈现，后期的风格强调机械流线及气流型态的线条感，常运用在车体上的造型。

9. 北欧风（Mid-century Modern）

在设计史上并无所谓的北欧风，而是在这个时期整个国际弥漫着一种现代建筑的运动思潮，希望通过传统工艺与现代材料工业做一种技术的整合，消除建筑与应用艺术的障碍。这种风格开始于 1930 年，现代建筑运动思潮除了在建筑上的影响外，也影响着北欧的一些国家，例如丹麦位于北欧，在德国与挪威之间，这时期以德国包豪斯为首的有机及开放空间的设计理念渐渐在世界各地的建筑中发展出来。而北欧国家本身有许多森林，就近取材使用许多木头，而加上现代运动的思潮，整个家具上的使用所呈现的是一种工业及工艺技术整合的简约样式。

所以在空间上所谓的北欧风格是以开放空间为架构的设计，并用了许多家具作为空间中的分隔，平面是一种有机自由发展的样式，家具则大都是以一种简约的形态出现，并采用了许多木头、金属、皮革等材料。

10.Transitional（转变古典）

这种风格从 1950 年代开始到现在都一直持续受到欢迎，它看似像古典又像新古典，很多设计师常将这几种风格搞混。Transitional 主要的特点是专注于简约的古典装饰，用在许多家具设计和装饰设计上，如著名的 Barbara Barry 和 Baker 都是 Transitional 风格中主要代表的家具样式。这种风格有几个重要元素：一是古典线条的简化，不再强调古典线板或华丽卷曲的式样，以一种简单但优雅的线条取代；二是材质的搭配转换，强调一种现代材料之间的搭配，尝试多元材料上的组合，着重材料使用上的质感与颜色，彰显出一种高雅的气质；三是颜色上的使用，家具主要以深咖啡色、米色、黑色、麻色为主，强调纹理及质地，装饰上以灰色、金色、银色、白色和透明材质的搭配使用为主，也用了许多现代艺术品作为空间中墙面的装饰；四是在材质上以木皮、金属铁件、玻璃、绒布、麻布、皮革、天然材质为主，英国的著名设计师 Kelly Hoppen 就是这种样式的设计师之一。

11. 现代（Contemporary）

所谓的现代风格最早可追溯到 18 世纪工业革命后半期，新的钢铁技术与混凝土所产生的结构，支撑了建筑物的整体结构并往上垂直地发展，墙面已不再只是封闭的盒子，而是改用大量的玻璃材质让空间的视觉向外延伸，这种清晰开阔的设计以及新材质的应用构成了现代主义建筑重要的元素之一。简洁有力的垂直与水平线条和大片开窗让建筑的内外有了一种理性几何的标准，色彩上大量使用中性色调，如黑色、灰色、白色等色彩，这种严谨自律的色彩动态平衡，使线条造型的轮廓更具客观理性。

现在的现代风格是从 20 世纪 80 年代开始的一种风格，整个建筑与室内环境已迈向一个现代且多元的时代，材料的运用及表现手法也相当熟练。而当代设计风格维持一种简单整齐的样式，颜色有常用的大地明亮色系，家具会配上不锈钢和木头，让空间呈现一种整洁明亮的氛围。

Chapter8
室内装饰与家具

8.2 家具选用与搭配技巧

当整个室内装修工程进行到最后阶段时，设计师常常会陪业主去挑选家具，当然如果业主的眼光够好审美观也不错，或许你可以信任他由他自己选家具，否则最好还是你陪着他去吧！我想没有设计师愿意看到整个设计功亏一篑。

当然现在有不少人指出设计师陪业主看家具是有回扣佣金的，关于这一点我只能说行有行规，这一点佣金比起把整个设计搞砸相比，我想很少有设计师会用这点小钱与他的专业做交换。依我个人经验来看通常你的设计让业主有感觉时，他们也会听你的意见，也不是所有业主都在乎这件事，他们倒希望你真的能完成整个设计让空间有他要的气氛。所以挑选家具时要注意几个重点。

不是每个案子都要买新的家具，当然这样的设计无非是个挑战，因为既有家具是否能与未来的设计风格搭配就不一定了，所以在一开始的沟通设计上，都会问哪些家具要保留延用哪些要丢弃，透过你的记录观察及拍照确认这些要保留的家具尺寸、颜色、材质、外观状况等，将设计沟通中的风格去比对一下这些家具是否可用或堪用，有些家具对业主来说是有感情的，不一定能丢弃，最好先整理成一份清单，并与业主沟通未来家具的挑选与风格上是否需要更换，或将现有家具做修改。

修改也是一种方式，将家具表面重新处理包含坐垫海绵、弹簧、骨架支撑等都可更换或补强，不过还是问一下家具公司，有时这样做费用可能比买新的还贵。如果你觉得这些风格真的不适合也要尽量说服业主更换，当然这有时也牵涉预算问题，所以一开始就要先谈好，等后面要挑家具时才不会手忙脚乱或放留业主自己处理，结果都不是很好！

前面讲过在设计时业主大都会跟你说需要什么样的风格样式，所以家具的选择上最好也是跟着风格做选配。不同风格的家具要注意这些风格元素上的差异，如材质、颜色、形体、纹理雕刻、细部收边等都会影响风格的变化，所以在设定风格时最好自己能收集一些业主要的风格家具。如果一开始你对风格掌握还不是这么纯熟，就要稍微研究并收集一些图片，要特别注意一些尺寸比例上的问题，现在家具公司接受定做，整个家具的比例大小都可以调整，有时会有一些比例特别的家具出现，挑选时要特别小心。

挑家具除了风格之外还有材质颜色及坐垫的硬度、材质及颜色上是可以更换的，但有些高档进口家具就不一定能让你更换，最好还是询问一下家具公司，如果你不喜欢现有的颜色可以请他提供表面材质的选择布样，让你去做搭配，坐垫的硬度也有样本或可在店铺试坐样本，让业主及你自己感受一下整体舒适度再决定后续要改变的内容。

在设计初期的平面配置中会依需求及使用机能放上家具，而最好在此时能对未来要用的家具尺寸有一定的了解。图纸上所有的家具图块都要有正确比例，并且与未来要使用的尺寸不能相差太多，在我看过的许多设计案例中，常看到许多年轻的设计师都用已建置好的图块直接放上去，并不清楚他放的家具是什么尺寸，很可能会造成你选配的家具出现与空间不协调或比例不恰当的情况。所以在画图时设计师就要清楚自己画的家具的大小，未来在挑选家具时才有依据而不至于相差太远。

相对于家具的选配，家饰的选择有较多的选项，一般我们在做室内装修时会预留 30%~40% 的空间给家具与家饰。家饰在搭配风格中具有画龙点睛的重要作用，家具在空间风格营造上也只占有一半的重要性，而另一半就必须靠家饰。

清楚自己要的是什么

家饰搭配的技巧最好是一个空间一个空间来看，我们分为壁面挂饰、家具装饰、活动摆饰、灯具吊饰、地面铺饰等几个方向。最好一开始就清楚地知道自己想要的风格是什么，再针对这种风格去挑选装饰品。有的会从单一空间开始了解家具样式及色系，有的会以材料板上所提供的色系及质感去进行搭配，进而找出天花、地面、壁面中可放装饰品的位置，一般客厅要用比较居家生活的样式，不要像样板房一样只能看不一定能用。先决定大面积要挂的挂饰，再选择家具上要的装饰品，再来才是地面的铺饰，接下来是活动的摆饰，而最后我们才会挑灯具吊饰。

从大面积饰品或壁面着手

这样挑选的主要是因为大面积饰品或壁面对人的视觉影响较大，当然也可以从与视觉较平行的壁面下手，因为有些壁面是有颜色或是有质感的，如果这部分不先处理好很容易造成家具背景及视觉墙面的不协调，接下来才会去挑选其他装饰品。挑选这些摆饰要记得色彩互补或同色系搭配外，也要注意材质的质感搭配，一般你希望有较强烈的摆饰感，就要挑材质很不一样的去搭配这样效果会很强烈，但也别忘了风格的色系及元素是主导家饰的关键因素。

家具的材质也是因风格上的不同而不同，家具是除了空间天花、壁面、地面外最大的量体而且数量也不少，所以在视觉上有一定的影响。一般在挑选家具材质时会以家具的“形”开始挑起，再来看质感及颜色，再核验尺寸。质感又分结构及面饰材两种质感，结构上有家具支撑构件，面饰材以包饰面材为主，一般都会根据不同风格而有不同的处理方式，有的是用原木有的是用金属作为支撑结构，面饰材则有皮革、合成皮、麻、绒等多种布饰可选择。

在台湾有些特定地方在卖家具，家具公司很多都会群聚在一起，而设计师或业主也常去这些地方看，如南昌街、文昌街、新庄二省道等，当然也有一些大卖场会群聚一些家具品牌如 B&Q、HOLLA、IKEA 等，另外也越来越多私人家具家饰公司只开放给设计师。不管你去哪边挑家具，重要的原则就是当你或业主看上某个家具时，最好还要找第二家或第三家来比较一下，除了价格有时会有不同外，再来就是质量。

现在台湾家具的制作在其他省份低价抢销的影响下，也受到很大的冲击，许多地方都会卖一些劣质的家具，所以不得不谨慎选择。买到一些问题家具赔钱事小，重要的是在劣质家具中有可能会残留一些对身体有害的化学物质，如果条件许可的话建议还是亲自去一趟家具工厂实地了解家具材质及制作过程，这样你也会比较放心。

家具市场上可分为进口家具及自制（定制）两种，进口家具大都是国外的知名品牌，价格上大都不便宜，适合有足够预算的业主。目前还衍生出一种仿制家具，也就是依国外品牌家具的外观形式由家具工厂仿制，一方面省钱，另一方面又可以有国外家具的外形，但布料和细节上可能就比不上进口家具细腻，是很多室内设师常使用的方式。

进口家具很多部分不能调整，布样选择也都有一定的款式，毕竟是国外设计师精心设计的样式。而定制家具就可依照你要的尺寸放大或缩小，但要注意的是形体的变化会影响造型的美感，最好能与家具公司讨论后再决定尺寸及做法。

还有一些家具厂商会将进口进来的家具再打上自己的品牌，同样这种家具的价格也是不便宜的，选购前先确认自己要的是哪方面的家具形式，再去找适合的家具公司。

通常进口家具的保修会比定制的久一点，其售后服务也会好一些，一分钱一分货，但如果你找到本身自己有工厂的家具公司那是更好的，这样的公司在经营上较有信用也会有好的保修和售后服务。在购买家具时别忘了要问一下家具厂商平时的基础保养及使用，我们看过一些案例是业主并没有好好地定时保养导致家具使用寿命或外观产生变化及损坏，原木及真皮及铁件都有其保养方式，不要忽略询问这部分。

设计师平常最好就要有收集家具照片的习惯，并针对风格、形式、材料等分门别类存放，当你在设计或搭配风格时就可调出来看，也可以直接与业主讨论你的建议及想法，这样能大大节省沟通的时间。

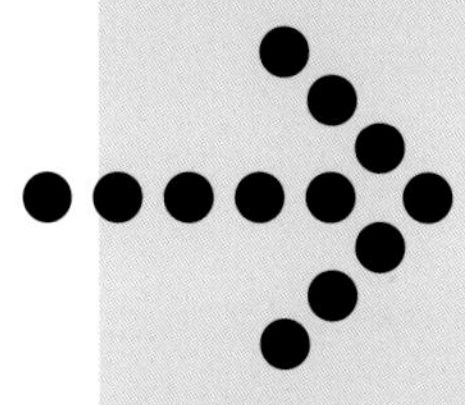

PART4

如何进入
室内设计这行

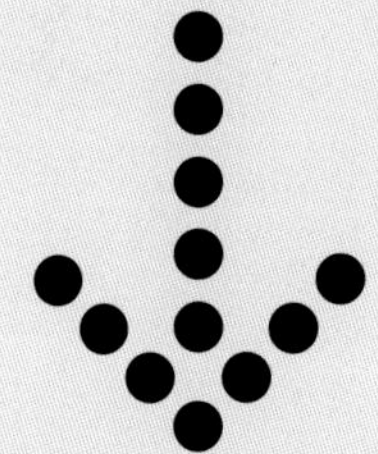

Qualification & Exam

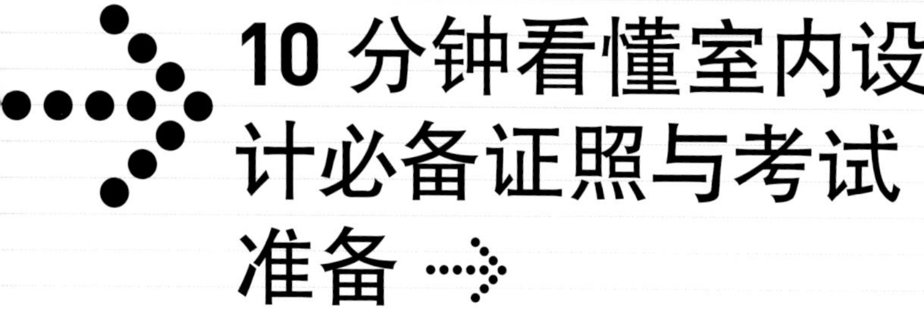

10 分钟看懂室内设计必备证照与考试准备

CH10
室内设计的证照与考试
Licenses and examinations

9.1 室内装修设计相关证照有哪些?

中国目前室内设计证照是由中国建筑装饰协会和国际商业美术设计师协会联合进行国际商业美术设计师（ICAD）环境艺术专业（室内设计方向、景观设计方向）简称“环境艺术设计师”职业资格考核认证后所发的证照为主。

证照	申报资格
初级环境艺术设计师（D 级 ICAD）	1．本专业（或相关专业）大学在校及应届毕业生，经环艺专家委员会指定的特许机构考前强化培训并取得定点机构发给的合格证书。
	2．本专业(或相关专业)中专学历，从事本专业（或相关专业）工作 1 年以上，经环艺专家委员会指定的特许机构正规培训、达到规定的学时并取得定点机构发给的合格证书。
	3．连续从事本专业（或相关专业）工作 3 年以上，经环艺专家委员会指定的特许机构正规培训、达到规定的学时并取得定点机构发给的合格证书。
中级环境艺术设计师（C 级 ICAD）	1. 获得初级环境艺术设计师（D 级）职业资格后在本专业（或相关专业）工作 2 年以上。
	2. 本专业（或相关专业）本科学历，从事本专业（或相关专业）工作 1 年以上，经环艺专家委员会指定的特许机构正规培训、达到规定的学时并取得定点机构发给的合格证书。
	3. 本专业（或相关专业）大专学历（含同等学历），连续从事本专业（或相关专业）工作 3 年以上，经环艺专家委员会指定的特许机构正规培训、达到规定的学时并取得定点机构发给的合格证书。
	4. 本专业（或相关专业）中专学历（含同等学历），连续从事本专业（或相关专业）工作 5 年以上，经环艺专家委员会指定的特许机构正规培训、达到规定的学时并取得定点机构发给的合格证书。

证照	申报资格
高级环境艺术设计师（B 级 ICAD）	1. 获得中级环境艺术设计师（C 级）。职业资格后在本专业（或相关专业）工作 3 年以上。
	2. 本专业（或相关专业）本科学历，连续从事本专业（或相关专业）工作 5 年以上，主持或参与过大型环境艺术设计项目，经环艺专家委员会指定的特许机构正规培训、达到规定的学时并取得定点机构发给的合格证书。
	3. 本专业（或相关专业）大专学历（含同等学历），连续从事本专业（或相关专业）工作 10 年以上，主持或参与过大型环境艺术设计项目，经环艺专家委员会指定的特许机构正规培训、达到规定的学时并取得定点机构发给的合格证书。
特级环境艺术设计师（A 级 ICAD）	1. 获得高级环境艺术设计师（B 级）职业资格后在本专业（或相关专业）工作 3 年以上。
	2. 本专业（或相关专业）硕士学位，连续从事本专业（或相关专业）工作 6 年以上，主持过有影响的大型商业美术设计项目，学术上有一定建树。
	3. 本专业（或相关专业）大学本科学历，连续从事本专业（或相关专业）工作 12 年以上，主持过有影响的大型商业设计项目，经环艺专家委员会正规培训、达到规定的学时并取得定点机构发给的合格证书。

9.2 室内设计的专业证照认证流程

考试方式

分为理论知识考试和专业技能考核两部分，理论知识由环艺专家委员会指定的特许机构统一考试，考试时间为 120 分钟，采用闭卷笔试的方式。

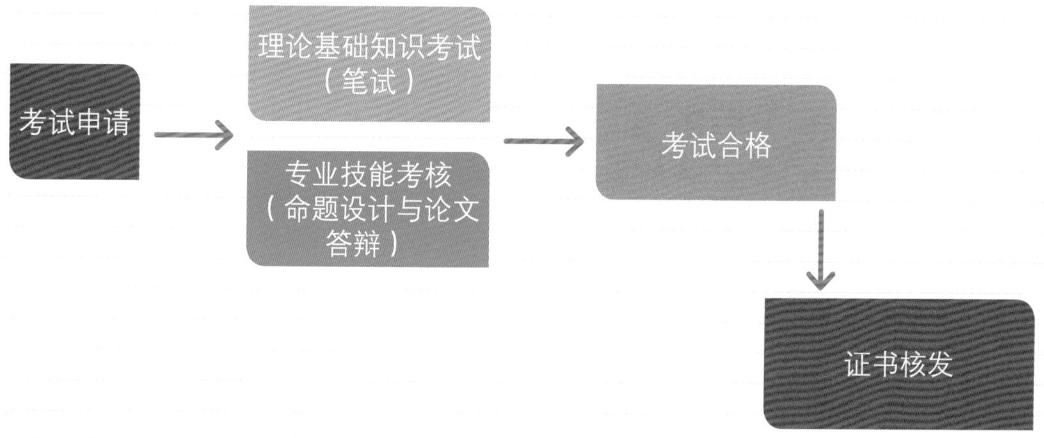

国际商业美术设计师（ICAD）考试重点事项

此证照考试时间并没有一定的规定时间，环境艺术设计专业的考试时间由环艺专家委员会每年不定期组织，其具体时间必须由考生自己关注“中装教育微信号”获取详细信息。

申请考试流程：

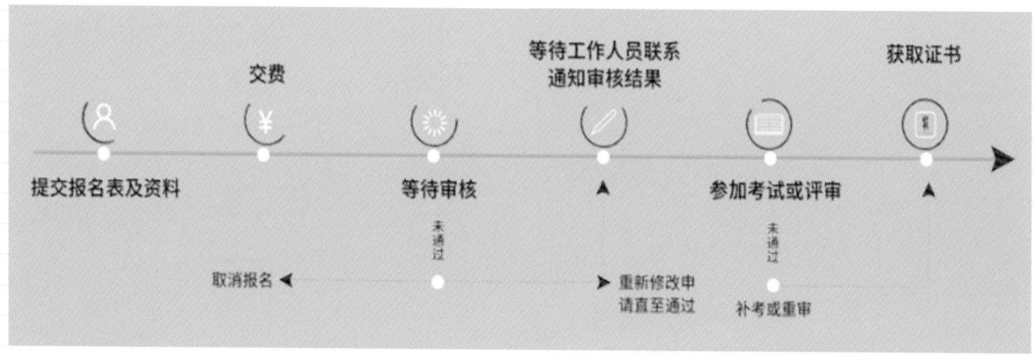

申报资料

1. 《全国环境艺术设计师职业资格考核申报表》
2. 学历证明
3. 外语等级证书或考试成绩证明
4. 培训、考试合格证书（适用于学历不足和非专业人员）
5. 工程项目设计数据（包括图纸、照片、图片、设计说明等）
6. 论文、著作的复印件等资料
7. 获奖证明、证书的复印件等
8. 其他有关证明材料

所需专业

专业：建筑学、环境艺术设计、室内设计

相关专业：城市规划专业、园林设计、工艺美术、艺术设计、工业设计、家具设计、舞台美术设计、绘画专业

Chapter9

室内设计的
证照与考试

9.1 室内装修设计相关证照有哪些？

中国目前室内设计证照是由中国建筑装饰协会和国际商业美术设计师协会联合进行国际商业美术设计师（ICAD）环境艺术专业（室内设计方向、景观设计方向）简称“环境艺术设计师”职业资格考核认证后所发的证照为主。

国际商业美术设计师协会（ICADA）是由美国、德国、加拿大、中国、澳大利亚及等国家和地区的专业美术设计机构和资深人士共同发起、联合创建的全球性公益团体组织。由国际商业美术设计师协会推出的 ICAD 职业资格认证体系，代表了当今商业美术设计专业资质认证的国际水平，得到了世界上所有会员国的认可和推广，具有广泛的代表性和国际权威性。中国建筑装饰协会是中国建筑装饰行业唯一的全国性法人社团，是最具影响力和号召力的行业组织。同时，经多年实践，在环境艺术设计师的培训认证上，中国建筑装饰协会有着丰富的经验和丰硕的成果，将进一步顺应和引导设计行业、设计师的顺利发展，增强设计行业自主创新能力，提升设计师的个人影响力，推动中国设计行业的发展。

“环境艺术设计师”证照说明

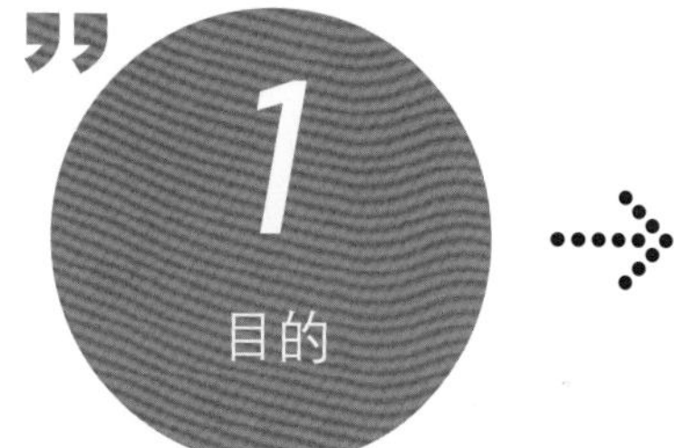

这张证照主要目的是规范对建筑装饰设计人员的管理，加强环境艺术设计师队伍的建设，充分发挥设计人员的积极性，保证建筑装饰工程设计质量，保障人民生命和财产的安全。

整个证照分为特级（A级）、高级（B级）、中级（C级）、初级（D级）四个等级，其名称分别为特级环境艺术设计师（A级ICAD）、高级环境艺术设计师（B级ICAD）、中级环境艺术设计师（C级ICAD）、初级环境艺术设计师（D级ICAD）。而所谓的“环境艺术设计师”是指从事建筑室内（含室外）空间环境工程设计，包括建筑装饰、装修，室内陈设和室外景观的设计、科研和教学的专业技术人员。<A级、B级、C级、D级ICAD职业资格认证申请表见附件1~4>

环境艺术设计师职业资格考核认证工作，由中国建筑装饰协会与国际商业美术设计师协会联合成立“CBDA & ICADA环境艺术专业专家委员会”负责组织领导实施，是全国建筑装饰行业唯一的社团组织对环境艺术设计师专业技术水准和能力考核认定，也是唯一获得国家人力资源和社会保障部正式批准与注册的环境艺术设计师职业资格考核认证工作，注册号为劳引字[2003]001号。

此职业资格证书由中国建筑装饰协会、国际商业美术设计师协会联合认证，可在中华人民共和国人力资源和社会保障部网站及国际商业美术设计师协会官方网站、中国建筑装饰协会官方网站中装新网（www.cbda.cn）上进行验证查询。

"环境艺术设计师"的证照申报的资格如下：

证照	申报资格
初级环境艺术设计师（D级 ICAD）	1．本专业（或相关专业）大学在校及应届毕业生，经环艺专家委员会指定的特许机构考前强化培训并取得定点机构发给的合格证书。
	2．本专业（或相关专业）中专学历，从事本专业（或相关专业）工作1年以上，经环艺专家委员会指定的特许机构正规培训、达到规定的学时并取得定点机构发给的合格证书。
	3．连续从事本专业（或相关专业）工作3年以上，经环艺专家委员会指定的特许机构正规培训、达到规定的学时并取得定点机构发给的合格证书。
中级环境艺术设计师（C级 ICAD）	1. 获得初级环境艺术设计师（D级）职业资格后在本专业（或相关专业）工作2年以上。
	2. 本专业（或相关专业）本科学历，从事本专业（或相关专业）工作1年以上，经环艺专家委员会指定的特许机构正规培训、达到规定的学时并取得定点机构发给的合格证书。
	3. 本专业（或相关专业）大专学历（含同等学历），连续从事本专业（或相关专业）工作3年以上，经环艺专家委员会指定的特许机构正规培训、达到规定的学时并取得定点机构发给的合格证书。
	4. 本专业（或相关专业）中专学历（含同等学历），连续从事本专业（或相关专业）工作5年以上，经环艺专家委员会指定的特许机构正规培训、达到规定的学时并取得定点机构发给的合格证书。
高级环境艺术设计师（B级 ICAD）	1. 获得中级环境艺术设计师（C级）。职业资格后在本专业（或相关专业）工作3年以上。
	2. 本专业（或相关专业）本科学历，连续从事本专业（或相关专业）工作5年以上，主持或参与过大型环境艺术设计项目，经环艺专家委员会指定的特许机构正规培训、达到规定的学时并取得定点机构发给的合格证书。
	3. 本专业（或相关专业）大专学历（含同等学历），连续从事本专业（或相关专业）工作10年以上，主持或参与过大型环境艺术设计项目，经环艺专家委员会指定的特许机构正规培训、达到规定的学时并取得定点机构发给的合格证书。

证照	申报资格
特级环境艺术设计师（A 级 ICAD）	1. 获得高级环境艺术设计师（B 级）职业资格后在本专业（或相关专业）工作 3 年以上。 2. 本专业（或相关专业）硕士学位，连续从事本专业（或相关专业）工作 6 年以上，主持过有影响的大型商业美术设计项目，学术上有一定建树。 3. 本专业（或相关专业）大学本科学历，连续从事本专业（或相关专业）工作 12 年以上，主持过有影响的大型商业设计项目，经环艺专家委员会正规培训、达到规定的学时并取得定点机构发给的合格证书。

Chapter9
室内设计的
证照与考试

9.2 室内设计的专业证照认证流程

证照认证方式

分为理论知识考试和专业技能考核两部分，理论知识由环艺专家委员会指定的特许机构统一考试，考试时间为 120 分钟，采用闭卷笔试的方式。专业技能考核按照各等级技能需要进行，其方式主要为命题设计及论文答辩。理论知识考试与专业技能考核均采用百分制，60 分以上为合格成绩。

证书核发

1. 通过初级环境艺术设计师（D 级 ICAD）考试者，可核发初级环境艺术设计师（D 级 ICAD）证书。

2. 通过中级环境艺术设计师（C 级 ICAD）考试者，还需填写《业绩自我评估表》，经环艺专家委员会评估，核发中级环境艺术设计师（C 级 ICAD）证书。

3. 通过高级环境艺术设计师（B 级 ICAD）考试，并提交业绩成果证明，由环艺专家委员会评估，核发高级环境艺术设计师（B 级 ICAD）证书。

4. 通过特级环境艺术设计师（A 级 ICAD）考试，并提交论文和业绩成果证明，由环艺专家委员会评估，核发特级环境艺术设计师（A 级 ICAD）证书。

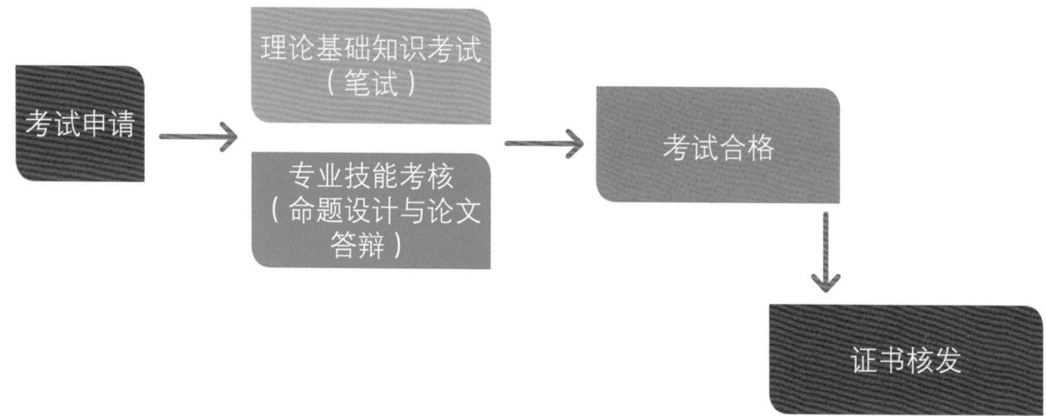

国际商业美术设计师（ICAD）考试重点事项

⋯⋗ 此证照考试时间并没有一定的规定时间，环境艺术设计专业的考试时间由环艺专家委员会每年不定期组织，其具体时间必须由考生自己关注“中装教育微信号”获取详细信息。

⋯⋗ 申请考试流程：

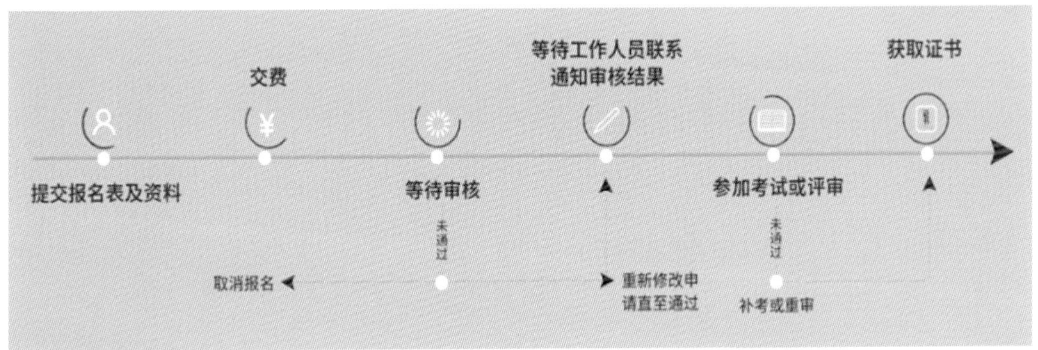

申报资料

1. 《全国环境艺术设计师职业资格考核申报表》
2. 学历证明
3. 外语等级证书或考试成绩证明
4. 培训、考试合格证书（适用于学历不足和非专业人员）
5. 工程项目设计数据（包括图纸、照片、图片、设计说明等）
6. 论文、著作的复印件等资料
7. 获奖证明、证书的复印件等
8. 其他有关证明材料〈资料说明及适用级别见下页表格〉

所需专业

专业：建筑学、环境艺术设计、室内设计

相关专业：城市规划专业、园林设计、工艺美术、艺术设计、工业设计、家具设计、舞台美术设计、绘画专业

需提交的资料	说明	适用级别
ICAD 职业资格申请表	机打或手填的纸质版并个人手写签字	A、B、C、D
学历证 / 学生证	复印件 1 张	A、B、C、D
身份证	复印件 1 张	A、B、C、D
2 寸照片	蓝底，4 张	A、B、C、D
考生业绩自评表	字数不少于 200 字	可选
考生业绩报告书	字数不少于 500 字	可选
职称证书、获奖证书	复印件	A
设计作品	代表性的项目 3~5 个	A、B
论文	具有作者独到见解的文章	A

注：

（1）申请表曾主持或参与的设计项目中，申报 A 级填写至少 **5 个项目以上**、B 级填写至少 **2 个项目以上**。要包括：项目名称、项目金额、项目（设计）说明、负责角色等。

（2）设计作品，包括效果图或施工图、设计说明等；设计作品对应申请表中填写的项目，申报 **A 级每个项目至少 6 张效果图或施工图，申报 B 级每个项目至少 2 张效果图或施工图，获奖作品优先**。

申报人提供的所有资料必须为**纸质版**。

补习班
学校
考试
证照
自学、职场学习

附件 1

特级（A 级）国际商业美术设计师（环境艺术专业）职业认证申请表

* 编号 /No.

<table>
<tr><td>**填 表 说 明**
1. 请使用黑色或蓝色签字笔或圆珠笔填写；
2. 应由本人填写的项目必须全部填写，不得缺项；
3. 所填学历须为国家教育部门承认的正规学历；
4. 星号(*)由 ICADA 中国总部或中装协填写；
5. 此表复印有效。</td><td>照片</td></tr>
</table>

<table>
<tr><td colspan="2">姓名（中文）/Name</td><td>姓名（拼音）</td></tr>
<tr><td colspan="2">性别 /Sex　　女 /F □　　男 /M □</td><td>身份证号 /ID</td></tr>
<tr><td colspan="3">出生年月 /Birthday　　年 /Year　　月 /Month　　日 /Date</td></tr>
<tr><td colspan="2">职称 /Title</td><td>专业工作年限 /Working period</td></tr>
<tr><td colspan="3">最高学历 /Degree　　中专□　大专□　本科□　硕士□　博士□</td></tr>
<tr><td colspan="2">毕业院校 /Institute</td><td>专业 /Major</td></tr>
<tr><td>固定电话 /Tel</td><td colspan="2" rowspan="3">联系地址（邮编）/Address(Code)</td></tr>
<tr><td>移动电话 /Mobile</td></tr>
<tr><td>电子信箱 /E-mail</td></tr>
<tr><td colspan="3">已通过 ICAD 认证的级别 /Passed level　　B □　　C □　　D □　　无□</td></tr>
<tr><td colspan="3">已获得的 ICAD 证书编号 /Certificate No.</td></tr>
<tr><td colspan="3">已获得的 ICAD 证书颁发日期 /Issue Date</td></tr>
</table>

<table>
<tr><td colspan="2">专业工作经历/Employment history　　（从最近的工作写起，可以另附纸张）</td></tr>
<tr><td>1. 工作时间（月 / 年）/Period</td><td>工作单位/Employment</td></tr>
<tr><td>最高职务 /Position</td><td>证明人及电话 /Name & Tel</td></tr>
<tr><td colspan="2">主要工作职责/Main duties</td></tr>
<tr><td>2. 工作时间（月 / 年）/Period</td><td>工作单位/Employment</td></tr>
<tr><td>最高职务 /Position</td><td>证明人及电话 /Name & Tel</td></tr>
<tr><td colspan="2">主要工作职责/Main duties</td></tr>
<tr><td>3. 工作时间（月 / 年）/Period</td><td>工作单位/Employment</td></tr>
<tr><td>最高职务 /Position</td><td>证明人及电话 /Name & Tel</td></tr>
<tr><td colspan="2">主要工作职责/Main duties</td></tr>
</table>

4. 工作时间（月 / 年）/Period	工作单位/Employment
最高职务 /Position	证明人及电话 /Name & Tel
主要工作职责/Main duties	
曾主持或参与的重大设计项目、活动（须提供相关证明，并说明本人在各项目、活动中的具体角色和职责，可以另附纸张）/Major projects	
专业成果及其获奖情况（须提供相关证明，团体作品还须说明本人的具体角色和作用，可以另附纸张）/Works, Publications, Awards	
个人声明 /Personal Statement 我保证所填写内容真实、完整、正确。我明白提供虚假的信息将会导致我丧失申请资格。 I certify that the statement made by me on this form is true, complete and correct. I understand that any false statement may provide grounds for the withdrawal of the application. 签名 /Signature　　　　日期 /Date	

以下由推荐人填写 /Filled by References （推荐人必须是 ICADA 专家委员会的成员，每位申请人必须有两位推荐人）		
我同意推荐该申请人申报 A 级 ICAD。I recommend the applicant for Level A. 签名 /Signature	日期 /Date	
我同意推荐该申请人申报 A 级 ICAD。I recommend the applicant for Level A. 签名 /Signature	日期 /Date	
以下由定点机构填写 /Filled by Agent 兹证明该申请人所提供的信息的真实性。如有不实，本单位将承担相应责任。I certify that information provided by the applicant is true.Can't if can not have really, our unit will bear corresponding responsibility. 负责人签名 / Signature	定点机构公章 /Seal	日期 /Date

*** 以下由 ICADA 中国总部与中装协共同填写** 考试成绩 /Scores 专业资质 / 工作业绩评审　　　　工作成果 / 作品评审 学术论文评审　　论文答辩成绩
ICAD 证书编号 /Certificate No.
颁证时间 /Issue Date　　年 /Year　　月 /Month　　日 /Date
ICADA 中国总部公章 /Seal 中国建筑装饰协会公章
备注 /Others

附件 2

高级（B 级）国际商业美术设计师（环境艺术专业）职业认证申请表

*** 编号 /No.**

填 表 说 明 1. 请使用黑色或蓝色签字笔或圆珠笔填写； 2. 应由本人填写的项目必须全部填写，不得缺项； 3. 所填学历须为国家教育部门承认的正规学历； 4. 星号 (*) 由 ICADA 中国总部或中装协填写； 5. 此表复印有效。	照片

姓名（中文）/Name	姓名（拼音）
性别 /Sex　女 /F □　男 /M □	身份证号 /ID
出生年月 /Birthday　年 /Year　月 /Month　日 /Date	
职称 /Title	专业工作年限 /Working period
最高学历 /Degree　中专□　大专□　本科□　硕士□　博士□	
毕业院校 /Institute	专业 /Major
固定电话 /Tel	联系地址（邮编）/Address(Code)
移动电话 /Mobile	
电子信箱 /E-mail	
已通过 ICAD 认证的级别 /Passed level　C □　D □　无□	
已获得的 ICAD 证书编号 /Certificate No.	
已获得的 ICAD 证书颁发日期 /Issue Date	

<table>
<tr><td colspan="2">专业工作经历/Employment history　　（从最近的工作写起，可以另附纸张）</td></tr>
<tr><td>1. 工作时间（月 / 年）/Period</td><td>工作单位/Employment</td></tr>
<tr><td>最高职务 /Position</td><td>证明人及电话 /Name & Tel</td></tr>
<tr><td colspan="2">主要工作职责/Main duties</td></tr>
<tr><td>2. 工作时间（月 / 年）/Period</td><td>工作单位/Employment</td></tr>
<tr><td>最高职务 /Position</td><td>证明人及电话 /Name & Tel</td></tr>
<tr><td colspan="2">主要工作职责/Main duties</td></tr>
<tr><td>3. 工作时间（月 / 年）/Period</td><td>工作单位/Employment</td></tr>
<tr><td>最高职务 /Position</td><td>证明人及电话 /Name & Tel</td></tr>
<tr><td colspan="2">主要工作职责/Main duties</td></tr>
</table>

4. 工作时间 (月 / 年)/Period	工作单位/Employment
最高职务 /Position	证明人及电话 /Name & Tel
主要工作职责/Main duties	
曾主持或参与的重大设计项目、活动（须提供相关证明，并说明本人在各项目、活动中的具体角色和职责，可以另附纸张)/Major projects	
专业成果及其获奖情况（须提供相关证明，团体作品还须说明本人的具体角色和作用，可以另附纸张)/Works, Publications, Awards	
个人声明 /Personal Statement 我保证所填写内容真实、完整、正确。我明白提供虚假的信息将会导致我丧失申请资格。 I certify that the statement made by me on this form is true, complete and correct. I understand that any false statement may provide grounds for the withdrawal of the application. 签名 /Signature　　　　日期 /Date	

以下由推荐人填写 /Filled by References

（推荐人必须是 ICADA 专家委员会的成员，每位申请人必须有两位推荐人）

我同意推荐该申请人申报 B 级 ICAD。I recommend the applicant for Level B.

签名 /Signature 日期 /Date

我同意推荐该申请人申报 B 级 ICAD。I recommend the applicant for Level B.

签名 /Signature 日期 /Date

以下由定点机构填写 /Filled by Agent

兹证明该申请人所提供的信息的真实性。如有不实，本单位将承担相应责任。I certify that information provided by the applicant is true.Can't if can not have really, our unit will bear corresponding responsibility.

负责人签名 / Signature 定点机构公章 /Seal 日期 /Date

*** 以下由 ICADA 中国总部与中装协共同填写**	
考试成绩 /Scores	
专业资质 / 工作业绩评审	工作成果 / 作品评审
学术论文评审　　论文答辩成绩	
ICAD 证书编号 /Certificate No.	
颁证时间 /Issue Date　　年 /Year　　月 /Month　　日 /Date	
ICADA 中国总部公章 /Seal 中国建筑装饰协会公章	
备注 /Others	

附件 3

中级（C 级）国际商业美术设计师（环境艺术专业）职业认证申请表

*** 编号 /No.**

填 表 说 明 1. 请使用黑色或蓝色签字笔或圆珠笔填写； 2. 应由本人填写的项目必须全部填写，不得缺项； 3. 所填学历须为国家教育部门承认的正规学历； 4. 星号 (*) 由 ICADA 中国总部或中装协填写； 5. 此表复印有效。	照片

姓名（中文）/Name	姓名（拼音）
性别 /Sex　　女 /F □　　男 /M □	身份证号 /ID
出生年月 /Birthday　　年 /Year　　月 /Month　　日 /Date	
职称 /Title	专业工作年限 /Working period
最高学历 /Degree　　中专□　大专□　本科□　硕士□　博士□	
毕业院校 /Institute	专业 /Major
固定电话 /Tel	联系地址（邮编）/Address(Code)
移动电话 /Mobile	
电子信箱 /E-mail	
已通过 ICAD 认证的级别 /Passed level　　D □　　无□	
已获得的 ICAD 证书编号 /Certificate No.	
已获得的 ICAD 证书颁发日期 /Issue Date	

专业工作经历/Employment history　　（从最近的工作写起，可以另附纸张）	
1. 工作时间（月/年）/Period	工作单位/Employment
最高职务/Position	证明人及电话/Name & Tel
主要工作职责/Main duties	
2. 工作时间（月/年）/Period	工作单位/Employment
最高职务/Position	证明人及电话/Name & Tel
主要工作职责/Main duties	
3. 工作时间（月/年）/Period	工作单位/Employment
最高职务/Position	证明人及电话/Name & Tel
主要工作职责/Main duties	

4. 工作时间 (月 / 年)/Period	工作单位/Employment
最高职务 /Position	证明人及电话 /Name & Tel
主要工作职责/Main duties	
曾主持或参与的重大设计项目、活动（须提供相关证明，并说明本人在各项目、活动中的具体角色和职责，可以另附纸张)/Major projects	
专业成果及其获奖情况（须提供相关证明，团体作品还须说明本人的具体角色和作用，可以另附纸张)/Works, Publications, Awards	
个人声明 /Personal Statement **我保证所填写内容真实、完整、正确。我明白提供虚假的信息将会导致我丧失申请资格。** **I certify that the statement made by me on this form is true, complete and correct. I understand that any false statement may provide grounds for the withdrawal of the application.** **签名 /Signature**　　　　**日期 /Date**	

以下由推荐人填写 /Filled by References （推荐人必须是 ICADA 专家委员会的成员，每位申请人必须有两位推荐人）	
我同意推荐该申请人申报 C 级 ICAD。I recommend the applicant for Level C. 签名 /Signature	 日期 /Date
我同意推荐该申请人申报 C 级 ICAD。I recommend the applicant for Level C. 签名 /Signature	 日期 /Date

以下由定点机构填写 /Filled by Agent

兹证明该申请人所提供的信息的真实性。如有不实，本单位将承担相应责任。I certify that information provided by the applicant is true.Can't if can not have really, our unit will bear corresponding responsibility.

负责人签名 / Signature **定点机构公章 /Seal** **日期 /Date**

*** 以下由 ICADA 中国总部与中装协共同填写**			
考试成绩 /Scores			
专业资质 / 工作业绩评审		工作成果 / 作品评审	
学术论文评审	论文答辩成绩		
ICAD 证书编号 /Certificate No.			
颁证时间 /Issue Date	年 /Year	月 /Month	日 /Date
ICADA 中国总部公章 /Seal 中国建筑装饰协会公章			
备注 /Others			

附件 4

初级（D 级）国际商业美术设计师（环境艺术专业）职业认证申请表

*** 编号 /No.**

填 表 说 明 1. 请使用黑色或蓝色签字笔或圆珠笔填写； 2. 应由本人填写的项目必须全部填写，不得缺项； 3. 所填学历须为国家教育部门承认的正规学历； 4. 星号 (*) 由 ICADA 中国总部或中装协填写； 5. 此表复印有效。	照片

姓名（中文）/Name		姓名（拼音）
性别 /Sex　女 /F ☐　男 /M ☐		身份证号 /ID
出生年月 /Birthday　年 /Year　月 /Month　日 /Date		
职称 /Title		专业工作年限 /Working period
最高学历 /Degree　中专☐　大专☐　本科☐　硕士☐　博士☐		
毕业院校 /Institute		专业 /Major
固定电话 /Tel	联系地址（邮编）/Address(Code)	
移动电话 /Mobile		
电子信箱 /E-mail		
申报级别 /Level　D ☐		

<table>
<tr><td colspan="2">专业工作经历/Employment history　　　（从最近的工作写起，可以另附纸张）</td></tr>
<tr><td>1. 工作时间（月 / 年）/Period</td><td>工作单位/Employment</td></tr>
<tr><td>最高职务 /Position</td><td>证明人及电话 /Name & Tel</td></tr>
<tr><td colspan="2">主要工作职责/Main duties</td></tr>
<tr><td>2. 工作时间（月 / 年）/Period</td><td>工作单位/Employment</td></tr>
<tr><td>最高职务 /Position</td><td>证明人及电话 /Name & Tel</td></tr>
<tr><td colspan="2">主要工作职责/Main duties</td></tr>
<tr><td>3. 工作时间（月 / 年）/Period</td><td>工作单位/Employment</td></tr>
<tr><td>最高职务 /Position</td><td>证明人及电话 /Name & Tel</td></tr>
<tr><td colspan="2">主要工作职责/Main duties</td></tr>
</table>

4. 工作时间(月/年)/Period	工作单位/Employment
最高职务/Position	证明人及电话/Name & Tel
主要工作职责/Main duties	
曾主持或参与的重大设计项目、活动（须提供相关证明，并说明本人在各项目、活动中的具体角色和职责，可以另附纸张）/Major projects	
专业成果及其获奖情况（须提供相关证明，团体作品还须说明本人的具体角色和作用，可以另附纸张）/Works, Publications, Awards	
个人声明/Personal Statement 我保证所填写内容真实、完整、正确。我明白提供虚假的信息将会导致我丧失申请资格。 I certify that the statement made by me on this form is true, complete and correct. I understand that any false statement may provide grounds for the withdrawal of the application. 签名/Signature 日期/Date	

以下由定点机构填写 /Filled by Agent 兹证明该申请人所提供的信息的真实性。如有不实，本单位将承担相应责任。I certify that information provided by the applicant is true.Can't if can not have really, our unit will bear corresponding responsibility. 负责人签名 / Signature　　定点机构公章 /Seal　　日期 /Date	
* 以下由 ICADA 中国总部与中装协共同填写 考试成绩 /Scores 理论知识专业基础设计 命题创作总成绩	认证结果 /Result
ICAD 证书编号 /Certificate No	
颁证时间 /Issue Date　　年 /Year　　月 /Month　　日 /Date	
ICADA 中国总部公章 /Seal 中国建筑装饰协会公章	
备注/Others	

MEMO

MEMO

MEMO

图书在版编目（CIP）数据

如何成为优秀的室内设计师 / 宫恩培 著 . – 武汉 : 华中科技大学出版社 , 2017.8

ISBN 978-7-5680-2571-3

Ⅰ . ①如… Ⅱ . ①宫… Ⅲ . ①室内装饰设计 Ⅳ . ① TU238

中国版本图书馆 CIP 数据核字（2017）第 034033 号

如何成为优秀的室内设计师
Ruhe Chengwei Youxiu de Shinei Shejishi

宫恩培 著

出版发行：华中科技大学出版社（中国 · 武汉）　电话：（027）81321913
武汉市东湖新技术开发区华工科技园　邮编：430223

责任编辑：熊纯　责任监印：朱玢
责任校对：冼沐轩　装帧设计：果实文化

印　刷：深圳当纳利印刷有限公司
开　本：965 mm × 1270 mm　1/16
印　张：14.5
字　数：116 千字
版　次：2017 年 8 月第 1 版 第 1 次印刷
定　价：68.00 元（USD 13.99）

投稿热线：13710226636　duanyy@hustp.com
本书若有印装质量问题，请向出版社营销中心调换
全国免费服务热线：400-6679-118 竭诚为您服务